普通高等教育"十三五"规划教材

数据库技术及应用

李增祥　主编

刘冬霞　周　洁　副主编

电子工业出版社
Publishing House of Electronics Industry
北京·BEIJING

内容简介

本书介绍数据库和信息处理的基础知识和基本应用,以 Access 2010 为环境,介绍数据库基本概念,数据库的建立、使用、维护和管理,使学生能够掌握数据库设计的步骤和 SQL 查询语句的使用方法。本书还配合 VBA,讲述了软件设计的基本思想和方法,训练学生程序设计、分析和调试的基本技能。通过实验和综合开发示例,融合了 Access 数据库的主要功能,并为读者自行开发小型信息管理系统提供切实可行的模板。登录华信教育资源网 www.hxedu.com.cn 可免费下载电子课件。

本书以应用为目的,以案例为引导,结合数据库和信息处理的基本知识,使学生可以参照教材提供的讲解和实验,尽快掌握 Access 2010 软件的基本功能和操作,快速掌握数据库和信息处理的基本技能。

本书可作为普通高等学校文科相关专业的计算机课程教材,亦可作为相关培训班的教材或参考书。

未经许可,不得以任何方式复制或抄袭本书之部分或全部内容。
版权所有,侵权必究。

图书在版编目(CIP)数据

数据库技术及应用/ 李增祥主编. — 北京:电子工业出版社,2018.2
ISBN 978-7-121-33099-5

Ⅰ. ①数… Ⅱ. ①李… Ⅲ. ①数据库系统—高等学校—教材 Ⅳ. ①TP311.13

中国版本图书馆 CIP 数据核字(2017)第 287510 号

策划编辑:秦淑灵 杜 军
责任编辑:秦淑灵
印　　刷:北京虎彩文化传播有限公司
装　　订:北京虎彩文化传播有限公司
出版发行:电子工业出版社
　　　　　北京市海淀区万寿路 173 信箱　邮编:100036
开　　本:787×1 092　1/16　印张:13.5　字数:345.6 千字
版　　次:2018 年 2 月第 1 版
印　　次:2022 年 1 月第 7 次印刷
定　　价:38.90 元

凡所购买电子工业出版社图书有缺损问题,请向购买书店调换。若书店售缺,请与本社发行部联系,联系及邮购电话:(010)88254888,88258888。
质量投诉请发邮件至 zlts@phei.com.cn,盗版侵权举报请发邮件至 dbqq@phei.com.cn。
本书咨询联系方式:(010)88254531。

前　言

"数据库技术及应用"课程是高等学校非计算机专业本科生开设的公共基础课。本课程是培养学生利用数据库技术对数据和信息进行管理、加工和运用的意识与能力的必修课之一。通过本课程的学习，使学生了解数据库技术的发展及其应用，掌握数据库的基本原理和 SQL 语言的使用，学习以数据库为核心的系统开发的基本过程、设计方法和规范。培养学生数据库管理和应用的能力，以及结合高级程序设计语言进行数据库应用系统、管理信息系统开发的能力。

Access 2010 是微软公司推出的最新版本，它对过去的几个版本有很好的兼容性和可用性。其主要功能是数据库管理和应用，与之前的其他版本相比，Access 2010 功能强大，易学易用，除此之外，Access 2010 的文件格式能够创建 Web 应用程序，新文件格式还支持表中的计算字段、事件的宏、改进的加密方法以及其他改进功能。

新形势下，对于非计算机专业学生也要求具有一定的关系数据库的相关知识，有一定的 Access 2010 数据库的基本概念和相关知识，有一定的开发数据库应用程序的方法，会使用 Access 创建、管理和使用数据库，具备对数据库中的数据进行查询、索引、统计和汇总的基本能力，具备对窗体界面进行设计、创建和窗体中控件运用的基本能力，具备使用 Access 开发小型数据库管理应用系统的能力。

为了适应新形势下高校非计算机专业对于数据库技术的教学要求，我们组织编写了这套《数据库技术及应用》《数据库技术及应用实践教程》。

本书共 8 章，内容涵盖使用 Access 进行数据库建立、管理、开发等相关方面的概念和技巧。同时本书涉及一些数据库的基础知识，通过本书的学习可以在掌握这些基础知识的同时掌握一种数据库管理工具。其中第 1、2、3 章由周洁编写，第 4、5 章由刘冬霞编写，第 6、7、8 章由李增祥编写。

由于作者水平有限，时间仓促，书中难免存在疏漏之处，敬请同行专家和读者朋友不吝批评指正。

编　者
2017 年 10 月于山东理工大学

目 录

第 1 章 数据库基础 ... 1
1.1 数据库基础知识 ... 1
1.1.1 数据库系统的基本概念 ... 1
1.1.2 数据库管理技术的发展 ... 4
1.2 数据模型 ... 7
1.2.1 数据模型的基本概念 ... 7
1.2.2 信息世界中的基本概念 ... 8
1.2.3 E-R 模型 ... 9
1.2.4 层次模型 ... 12
1.2.5 网状模型 ... 12
1.2.6 关系模型 ... 13
1.3 关系数据库 ... 13
1.3.1 关系性质与特点 ... 13
1.3.2 关系运算 ... 16
1.3.3 关系的完整性约束 ... 20
1.4 数据库设计基础 ... 21
1.4.1 数据库设计步骤 ... 21
1.4.2 数据库设计需求分析 ... 21
1.4.3 数据库的概念设计 ... 22
1.4.4 数据库的逻辑设计 ... 23
1.4.5 数据库的物理设计 ... 23
1.4.6 数据库的实施 ... 24
1.4.7 数据库的运行和维护 ... 24
小结 ... 25

第 2 章 Access 数据库与表 ... 26
2.1 Access 2010 简介 ... 26
2.1.1 Access 的发展 ... 26
2.1.2 Access 2010 的新特点 ... 26
2.1.3 初识 Access ... 28
2.2 创建数据库 ... 29
2.2.1 使用模板创建数据库 ... 29
2.2.2 创建空白数据库 ... 30
2.2.3 数据库基本操作 ... 31

2.3 建立表 ·· 33
　　2.3.1 Access 数据类型 ·· 33
　　2.3.2 建立表结构 ·· 36
　　2.3.3 创建表 ·· 37
　　2.3.4 建立表间关系 ·· 44
　　2.3.5 建立索引 ··· 47
　　2.3.6 向表中输入数据 ··· 48
2.4 编辑表 ·· 48
　　2.4.1 修改表结构 ·· 48
　　2.4.2 调整表外观 ·· 51
　　2.4.3 编辑表内容 ·· 53
2.5 使用表 ·· 54
　　2.5.1 查找与替换 ·· 54
　　2.5.2 记录排序 ··· 55
　　2.5.3 记录筛选 ··· 56
小结 ··· 56

第 3 章 查询 ·· 57
3.1 查询概述 ·· 57
　　3.1.1 查询的功能 ·· 57
　　3.1.2 查询的类型 ·· 57
　　3.1.3 查询视图 ··· 58
　　3.1.4 创建查询的方法(界面方法) ··· 60
　　3.1.5 查询条件的设置 ··· 61
3.2 创建选择查询 ·· 64
　　3.2.1 使用查询向导 ·· 64
　　3.2.2 使用"设计视图" ·· 69
　　3.2.3 修改查询 ··· 72
　　3.2.4 在查询中进行计算 ··· 73
3.3 创建参数查询 ·· 76
　　3.3.1 单参数查询 ·· 76
　　3.3.2 多参数查询 ·· 77
3.4 创建交叉表查询 ·· 79
　　3.4.1 使用"交叉表查询向导" ·· 79
　　3.4.3 使用设计视图 ·· 81
3.5 创建操作查询 ·· 82
　　3.5.1 生成表查询 ·· 83
　　3.5.2 删除查询 ··· 84
　　3.5.3 追加查询 ··· 85
　　3.5.4 更新查询 ··· 86

3.6 结构化查询语言（SQL） ... 87
3.6.1 SQL 概述 ... 87
3.6.2 SQL 的特点 ... 88
3.6.3 显示 SQL 语句 ... 88
3.7 SQL 常用语句 ... 89
3.7.1 SELECT 语句 ... 89
3.7.2 数据更新语句 ... 93
3.8 创建 SQL 的特定查询 ... 94
3.8.1 创建联合查询 ... 94
3.8.2 数据定义查询 ... 94
3.8.3 创建子查询 ... 96
小结 ... 97

第 4 章 窗体 ... 98
4.1 认识窗体 ... 98
4.2 窗体视图 ... 99
4.3 创建窗体 ... 100
4.3.1 自动创建窗体 ... 101
4.3.2 窗体向导 ... 103
4.3.3 窗体设计器 ... 104
4.4 窗体中的控件 ... 105
4.4.1 理解和使用属性 ... 106
4.4.2 窗体 ... 106
4.4.3 标签 ... 107
4.4.4 文本框 ... 107
4.4.5 选项组 ... 109
4.4.6 组合框 ... 111
4.4.7 命令按钮 ... 113
4.4.8 子窗体 ... 114
4.4.9 选项卡 ... 116
4.5 美化窗体 ... 119
4.5.1 选择和移动控件 ... 119
4.5.2 调整控件大小和对齐控件 ... 120
4.5.3 调整间距和外观设置 ... 120
4.5.4 应用主题和添加图片 ... 120

第 5 章 报表 ... 122
5.1 认识报表 ... 122
5.1.1 报表概述 ... 122
5.1.2 报表的视图 ... 123
5.2 自动创建报表 ... 123

5.3 使用设计视图创建报表 ·· 127
    5.3.1 报表的组成 ·· 128
    5.3.2 报表设计工具选项卡 ·· 128
    5.3.3 使用设计视图创建报表 ·· 130
5.4 报表的计算 ··· 133
    5.4.1 公式计算 ·· 133
    5.4.2 分组统计 ·· 134
5.5 创建主/子报表 ·· 137
5.6 报表的预览和打印 ··· 138

第6章 宏 ·· 140
6.1 宏的基本概念 ··· 140
    6.1.1 宏的概念 ·· 140
    6.1.2 常用宏操作 ·· 140
    6.1.3 宏与 Visual Basic 代码的转换 ······································· 141
6.2 宏选项卡和宏设计器窗口 ··· 143
    6.2.1 "宏工具设计"选项卡 ··· 143
    6.2.2 操作目录 ·· 143
    6.2.2 宏设计器 ·· 144
6.3 创建宏 ··· 145
    6.3.1 创建自动运行的宏 ··· 145
    6.3.2 创建子宏 ·· 145
    6.3.3 创建带条件的操作宏 ·· 146
    6.3.4 创建嵌入宏 ·· 148
6.4 宏的运行与调试 ·· 149
    6.4.1 直接执行宏或宏组 ··· 150
    6.4.2 在事件发生时执行宏 ·· 150
    6.4.3 宏的调试 ·· 150

第7章 模块与 VBA 编程基础 ··· 152
7.1 模块的基本概念 ·· 152
    7.1.1 类模块 ··· 152
    7.1.2 标准模块 ·· 152
    7.1.3 将宏转换为模块 ·· 152
    7.1.4 宏和模块的选择 ·· 153
7.2 在 Access 中创建模块 ··· 154
    7.2.1 在模块中加入过程 ··· 154
    7.2.2 在模块中执行宏 ·· 156
7.3 VBA 程序设计基础 ··· 156
    7.3.1 Visual Basic for Applications 编辑环境 ·························· 156
    7.3.2 VBA 环境中编写代码 ·· 159

    7.3.3 数据类型和数据库对象 ·· 160
    7.3.4 变量与常量 ·· 162
    7.3.5 常用标准函数 ·· 166
    7.3.6 运算符和表达式 ··· 170
    7.3.7 面向对象程序设计的基本概念 ··· 171
  7.4 VBA 流程控制语句 ··· 176
    7.4.1 语句 ·· 177
    7.4.2 数据的输入输出 ··· 178
    7.4.3 分支语句 ··· 180
    7.4.4 循环语句 ··· 184
  7.5 过程调用和参数传递 ·· 189
    7.5.1 过程调用 ··· 189
    7.5.2 参数传递 ··· 191
  7.6 VBA 程序的调试：设置断点 ·· 192
  7.7 VBA 数据库编程 ·· 193
    7.7.1 数据库引擎及其接口 ·· 193
    7.7.2 VBA 访问的数据库类型 ·· 193
    7.7.3 数据访问对象（DAO） ··· 193

第 8 章 客户资料管理系统 ·· 198
  8.1 系统分析 ·· 198
    8.1.1 功能模块的分析 ··· 198
    8.1.2 流程图的分析 ·· 198
    8.1.3 表的分析 ··· 199
  8.2 系统设计 ·· 200
    8.2.1 创建表 ·· 200
    8.2.2 创建窗体 ··· 202
  8.3 集成数据库系统 ·· 206

第1章 数据库基础

"数据库"一词起源于20世纪50年代初,当时美国为了战争的需要,把各种情报集中在一起,存储在计算机里,称为Information Base或DataBase。在20世纪60年代的"软件危机"中,数据库技术作为软件学科的一个分支应运而生。

随着计算机与网络的普及,数字化生活给人类生活和工作方式带来了巨大的变化,而支撑实现数字化的关键技术之一就是数据库系统。现在,数据库系统已在当代社会生活中获得了广泛的应用。当我们在QQ上聊天、微博上留言、网上购物、ATM机上存取款、超市购物付款时都在享受着数据库系统的服务。

1.1 数据库基础知识

1.1.1 数据库系统的基本概念

1. 信息和数据

描述事物的符号记录称为数据。它是数据库中存储的基本对象。数据有数字、文字、图形、图像、动画、影像、声音等多种表现形式,它们都可以经过数字化后存入计算机。凡是计算机中用来描述事物特征的记录,都可以统称为数据。

信息是现实世界事物的存在方式或运动状态的反映;或认为,信息是一种已经被加工为特定形式的数据。信息是人们消化理解了的数据,是对客观世界的认识,即知识。人们通过解释、推理、归纳、分析和综合等方法,从数据所获得的有意义的内容称为信息。因此,数据是信息存在的一种形式,只有通过解释或处理的数据才能成为有用的信息。

数据与信息既有联系又有区别,数据是载荷信息的物理符号或称载体,用于描述事物,传递或表示信息。信息是抽象的,不随数据形式而改变。信息是反映客观现实世界的知识,用不同的数据形式可以表示同样的信息。

如"一名女大学生",这种描述是一般意义的信息。为了在计算机中存储和处理这个对象,必须提取她的属性和特征,根据需要,往往只提取部分必要的特征,可以从"姓名、性别、出生日期、政治面貌、班级编号、照片"等属性来加以描述,具体形式如(史晓庆,女,1991-4-3,中共党员,201001,登记照)。

2. 数据库

数据库(Database,简称DB)可以理解为"存放数据的仓库",只不过这个仓库是计算机的存储设备。所谓数据库是指长期存储在计算机内的、有组织的、可共享的数据集合。数据库中的数据按一定的数据模型描述、组织和存储,具有较小的冗余度、较高的数据独立性和易扩展性,并可为用户共享。

在经济管理的日常工作中,常常需要把某些相关的数据放进这样的"仓库",并根据管理的需要进行相应的处理。

例如，企业或事业单位的人事部门常常要把本单位职工的基本情况(职工号、姓名、年龄、性别、籍贯、工资、简历等)存放在表中，这张表就可以看成一个数据库。有了这个"数据仓库"我们就可以根据需要随时查询某职工的基本情况，也可以查询工资在某个范围内的职工人数等等。这些工作如果都能在计算机上自动进行，那我们的人事管理就可以达到极高的水平。此外，在财务管理、仓库管理、生产管理中也需要建立众多的这种"数据库"，使其可以利用计算机实现财务、仓库、生产的自动化管理。

再如，学校把学生的基本情况(如学号、姓名、性别、出生日期、政治面貌、照片)存放在"学生"表中，把课程信息(如课程编号、课程名称、课程类别、学分)存放在"课程"表中，把成绩信息(包括学号、课程编号、分数)存放在"成绩"表中，这三个表能组成一个最简单的数据库，可以根据需要查询该库的某个学生的基本情况、学生选课及成绩情况等。

3. 数据库管理系统

数据库管理系统(Database Management System，DBMS)是一种用于管理数据库的计算机系统软件，是位于用户与操作系统之间的一层数据管理软件，是数据库系统的一个重要组成部分。用户通过 DBMS 访问数据库中的数据，数据库管理员也通过 DBMS 进行数据库的维护工作。它可使多个应用程序和用户通过不同的方法在同时或不同时刻去建立、修改和询问数据库。其功能包括：

➢ 数据定义功能

DBMS 提供数据定义语言 DDL(Data Definition Language)，供用户定义数据库的三级模式结构、两级映像以及完整性约束和保密限制等约束。DDL 主要用于建立、修改数据库的库结构。

➢ 数据操纵功能

DBMS 提供数据操作语言 DML(Data Manipulation Language)，供用户实现对数据的追加、删除、更新、查询等操作。

➢ 数据库的运行管理

数据库的运行管理功能是 DBMS 的运行控制、管理功能，包括多用户环境下的并发控制、安全性检查和存取限制控制、完整性检查和执行、运行日志的组织管理、事务的管理和自动恢复，保证了数据库系统的正常运行。

➢ 数据组织、存储与管理

DBMS 要分类组织、存储和管理各种数据，包括数据字典、用户数据、存取路径等，须确定以何种文件结构和存取方式在存储级上组织这些数据，如何实现数据之间的联系。数据组织和存储的基本目标是提高存储空间利用率，选择合适的存取方法提高存取效率。

➢ 数据库的维护

这部分包括数据库的数据载入、转换、转储、数据库的重组和重构以及性能监控等功能，这些功能分别由各个使用程序来完成。

➢ 数据库的通信

DBMS 具有与操作系统的联机处理、分时系统及远程作业输入的相关接口，负责处理数据的传送，与其他软件系统进行通信。

数据库管理系统一般提供如下几种相应的数据语言：

(1)数据定义语言(DDL)，负责数据的模式定义与数据的物理存取构建。

(2) 数据操纵语言(DML)，实现对数据库数据的基本存取操作：检索、插入、修改和删除等。

(3) 数据控制语言(DCL)，负责数据的安全性、完整性和并发控制等，对数据库运行进行有效的控制和管理，以确保数据正确有效。

DBMS 不仅具有最基本的数据管理功能，还能保证数据的完整性、安全性，提供多用户的并发控制，当数据库出现故障时对系统进行恢复。

4．数据库系统人员

数据库用户是管理、开发、使用数据库的主体。根据工作任务的差异，数据库用户通常可以分成终端用户、应用程序员和数据库管理员3种类型。

(1) 终端用户

终端用户是应用程序的使用者，使用数据库系统提供的终端命令语言，或者菜单驱动、表格驱动、图形显示和报表生成等对话方式，来存取和应用数据库中的数据。这类人员是一些并不精通计算机和程序设计的各级管理人员，但必须接受必要的数据库应用培训。

(2) 应用程序员

应用程序员是负责设计和编制应用程序的人员。他们使用高级语言设计和编写应用程序，供终端用户使用。应用程序员不仅要求具有较高的技术专长，而且还要具备较深的资历，熟悉部门全部数据的性质和用途，兼有系统程序员、系统分析员的能力。其具体职责：①决定数据库的内容和结构；②决定数据库的存储结构和存取策略，使数据的存储空间利用率和存取效率均较优；③定义数据的安全性要求和完整性约束条件；④根据终端用户的需要，设计和编制各种功能强劲的应用程序。

(3) 数据库管理员

数据库管理员(Database Administrator, DBA)指全面负责数据库系统的日常管理、维护和运行的人员。DBA 处于终端用户与应用程序员之间，是数据库系统能否正常运转的关键，大型数据库系统需要设置专门的管理办公室。其职责是监督控制数据库的使用和运行，实施数据库系统的维护、改进和重组，开展信息社会化服务。

对于不同规模的数据库系统，用户的人员配置是不相同的。只有大型数据库系统才配备有应用程序员和数据库管理员。应用型微机数据库系统比较简单，其用户通常兼有终端用户和数据库管理员的职能，但必要时也应当兼有应用程序员的能力。

5．数据库系统

数据库系统是指在计算机系统中引入数据库后构成的系统，一般由数据库、数据库管理系统(及其开发工具)、应用系统、数据库管理员和用户构成。

数据库系统是一个由硬件，软件(操作系统、数据库管理系统和编译系统等)，数据库和用户构成的完整计算机应用系统。数据库是数据库系统的核心和管理对象。因此，数据库系统的含义已经不仅仅是一个对数据进行管理的软件，也不仅仅是一个数据库，数据库系统是一个实际运行的，按照数据库方式存储、维护和向应用系统提供数据支持的系统，数据库系统软、硬件的组成如图1-1所示。

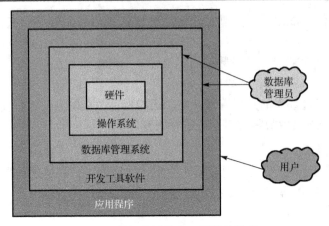

图 1-1　数据库系统软、硬件的组成

(1) 硬件

数据库系统的硬件包括计算机的主机、键盘、显示器和外围设备(如打印机、光盘机、磁带机等)。由于一般数据库系统所存放和处理的数据量很大,加之 DBMS 丰富的功能软件,使得自身所占用的存储空间很大,因此整个数据库系统对硬件资源提出了较高的要求。这些要求是:①有足够大的内存以存放操作系统、DBMS 的核心模块、数据缓冲区和应用程序;②有足够大的直接存取设备存放数据(如磁盘),有足够的存储设备来进行数据备份;③要求计算机有较高的数据传输能力,以提高数据传送率。

(2) 软件

数据库系统的软件除了数据库管理系统之外,还包括操作系统各种高级语言处理程序(编译或解释程序)、应用开发工具软件和特定应用软件等。应用开发工具包括应用程序生成器和第四代语言等高效率、多功能的软件工具,如报表生成系统、表格软件、图形编辑系统等。它们为数据库系统的应用开发人员和最终用户提供了有力的支持。特定应用软件是指为特定用户开发的数据库应用软件,如基于数据库的各种管理软件、管理信息系统(MIS)、决策支持系统(DSS)和办公自动化(OA)等。

1.1.2　数据库管理技术的发展

随着计算机技术的发展,特别是在计算机软件、硬件与网络技术发展的前提下,人们的数据处理要求不断提高,在此情况下,数据管理技术也不断改进。数据库技术是计算机科学技术中发展最快的领域之一,也是应用最广的技术之一,它成为计算机信息系统与应用系统的核心技术和重要基础。数据管理的水平是和计算机硬件、软件的发展相适应的,随着计算机技术的发展,人们的数据管理技术经历了三个阶段的发展:人工管理阶段、文件系统阶段、数据库系统阶段。

1. 人工管理阶段

20 世纪 50 年代中期以前,计算机主要用于科学计算。硬件方面,计算机的外存只有磁带、卡片、纸带,没有磁盘等直接存取的存储设备,存储量非常小;软件方面,没有操作系统,没有高级语言,数据处理的方式是批处理,即机器一次处理一批数据,直到运算完成为止,然后才能进行另外一批数据的处理,中间不能被打断,原因是此时的外存(如磁带、卡片等)只能顺序输入。

人工管理阶段数据管理特点：数据不保存，没有对数据进行管理的软件系统，没有文件的概念，数据不具有独立性。所以有人也称这一数据管理阶段为无管理阶段。

2. 文件系统阶段

这一阶段的主要标志是计算机中有了专门管理数据库的软件——操作系统（文件管理）。

20世纪50年代后期到60年代中期，数据管理发展到文件系统阶段。此时的计算机不仅用于科学计算，还大量用于管理。外存储器有了磁盘等直接存取的存储设备。在软件方面，操作系统中已有了专门的管理数据软件，称为文件系统。从处理方式上讲，不仅有了文件批处理，而且能够联机实时处理，联机实时处理是指在需要的时候随时从存储设备中查询、修改或更新，因为操作系统的文件管理功能提供了这种可能。

但由于数据的组织仍然是面向程序的，所以存在大量的数据冗余；而且数据的逻辑结构不能方便地修改和扩充，数据逻辑结构的每一点微小改变都会影响到应用程序。由于文件之间互相独立，因而它们不能反映现实世界中事物之间的联系，操作系统不负责维护文件之间的联系信息。如果文件之间有内容上的联系，那也只能由应用程序去处理。

文件系统阶段数据管理特点：数据可以长期保存，由文件系统管理数据，文件的形式已经多样化，数据具有一定的独立性。

3. 数据库系统阶段

从20世纪60年代后期开始，数据管理进入数据库系统阶段。这一时期用计算机管理的规模日益庞大，应用越来越广泛，数据量急剧增长，数据要求共享的呼声越来越大。这种共享的含义是多种应用、多种语言互相覆盖地共享数据集合。此时的计算机有了大容量磁盘，计算能力也非常强。硬件价格下降，编制软件和维护软件的费用相对在增加。联机实时处理的要求更多，并开始提出和考虑并行处理。

在这样的背景下，数据管理技术进入数据库系统阶段。

现实世界是复杂的，反映现实世界的各类数据之间必然存在错综复杂的联系。为反映这种复杂的数据结构，让数据资源能为多种应用需要服务，并为多个用户所共享，同时为让用户能更方便地使用这些数据资源，在计算机科学中，逐渐形成了数据库技术这一独立分支。计算机中的数据及数据的管理统一由数据库系统来完成。

数据库系统的目标是解决数据冗余问题，实现数据独立性，实现数据共享并解决由于数据共享而带来的数据完整性、安全性及并发控制等一系列问题。为实现这一目标，数据库的运行必须有一个软件系统来控制，这个系统软件称为数据库管理系统（Database Management System，DBMS）。数据库管理系统将程序员进一步解脱出来，就像当初操作系统将程序员从直接控制物理读写中解脱出来一样。程序员此时不需要再考虑数据中的数据是不是因为改动而造成不一致，也不用担心由于应用功能的扩充，而导致程序重写，数据结构重新变动。

在这一阶段，数据管理具有下面的优点：

数据结构化是数据库系统与文件系统的根本区别。采用数据模型表示复杂的数据结构，数据模型不仅描述数据本身的特征，还要描述数据之间的联系，这种联系通过存取路径来实现。这样，数据不再面向特定的某个或多个应用，而是面向整个应用系统。数据冗余明显减少，实现了数据共享。

(1) 数据共享性高

数据库从整体的观点来看待和描述数据，数据不再是面向某一应用，而是面向整个系统。

这样就减小了数据的冗余，节约存储空间，缩短存取时间，避免数据之间的不相容和不一致。对数据库的应用可以很灵活，面向不同的应用，存取相应的数据库的子集。当应用需求改变或增加时，只要重新选择数据子集或者加上一部分数据，便可以满足更多更新的要求，也就是保证了系统的易扩充性。

(2) 数据独立性高

数据库提供数据的存储结构与逻辑结构之间的映像或转换功能，使得当数据的物理存储结构改变时，数据的逻辑结构可以不变，从而程序也不用改变。这就是数据与程序的物理独立性。也就是说，程序面向逻辑数据结构，不去考虑物理的数据存放形式。数据库可以保证数据的物理改变不引起逻辑结构的改变。

数据库还提供了数据的总体逻辑结构与某类应用所涉及的局部逻辑结构之间的映像或转换功能。当总体的逻辑结构改变时，局部逻辑结构可以通过这种映像的转换保持不变，从而程序也不用改变。这就是数据与程序的逻辑独立性。

(3) 统一的数据管理和控制功能，包括数据的安全性控制、数据的完整性控制及并发控制、数据库恢复。

数据库是多用户共享的数据资源。对数据库的使用经常是并发的。为保证数据的安全可靠和正确有效，数据库管理系统必须提供一定的功能来保证。

数据库的安全性是指防治非法用户的非法使用数据库而提供的保护。比如，不是学校的成员不允许使用教务管理系统，学生允许读取成绩但不允许修改成绩等。

数据的完整性是指数据的正确性和兼容性。数据库管理系统必须保证数据库的数据满足规定的约束条件，常见的有对数据值的约束条件。比如在建立上面的例子中的数据库时，数据库管理系统必须保证输入的成绩值大于 0，否则，系统发出警告。

数据的并发控制是多用户共享数据库必须解决的问题。要说明并发操作对数据的影响，必须首先明确，数据库是保存在外存中的数据资源，而用户对数据库的操作是先读入内存操作，修改数据时，是在内存修改读入的数据复本，然后再将这个复本写回到存储的数据库中，实现物理的改变。

4．分布式数据库系统

分布式数据库系统是一个逻辑上统一、地域上分散的数据集合，是计算机网络环境中各个局部数据库的逻辑集合，同时受分布式数据库管理系统的控制和管理。

分布式数据库系统是在集中式数据库系统的基础上发展起来的，是计算机技术和网络技术结合的产物。分布式数据库系统适合于单位分散的部门，允许各个部门将其常用的数据存储在本地，实施就地存放本地使用，从而提高响应速度，如银行业务、飞机订票、火车订票等，分布式数据库具有以下几个特点。

- 数据独立性与位置透明性
- 集中和节点自治相结合
- 一致性和可恢复性
- 复制透明性
- 易于扩展性

5．并行数据库系统

并行数据库系统(Parallel Database System)是新一代高性能的数据库系统，从 90 年代至今，随着处理器、存储、网络等相关基础技术的发展，并行数据库技术的研究重点在数据操作的时间并行性和空间并行性上。并行数据库系统具有如下特点：
- 高性能
- 高可用性
- 可扩充性

数据库是现代信息系统不可分割的重要组成部分，大量数据库已经普遍存在于科学技术、工业、农业、商业、服务业和政府部门的信息系统中。数据库技术的发展是沿着数据模型的主线展开的。

1.2 数据模型

1.2.1 数据模型的基本概念

数据库需要根据应用系统中数据的性质、内在联系，按照管理的要求来设计和组织。数据模型是从现实世界到机器世界的一个中间层次。现实世界的事物反映到人的头脑中来，人们把这些事物抽象为一种既不依赖于具体的计算机系统，又与特定的DBMS无关的概念模型，然后再把概念模型转换为计算机上某一DBMS支持的数据模型。

数据模型所描述的内容包括三个部分：数据结构、数据操作、数据约束。

(1) 数据结构：数据模型中的数据结构主要描述数据的类型、内容、性质以及数据间的联系等。数据结构是数据模型的基础，数据操作和约束都基本建立在数据结构上。不同的数据结构具有不同的操作和约束。

(2) 数据操作：数据模型中的数据操作主要描述在相应的数据结构上的操作类型和操作方式。

(3) 数据约束：数据模型中的数据约束主要描述数据结构内数据间的语法、词义联系、它们之间的制约和依存关系，以及数据动态变化的规则，以保证数据的正确、有效和相容。

数据模型按不同的应用层次分成三种类型，分别是概念数据模型(Conceptual Data Model)、逻辑数据模型(Logical Data Model)、物理数据模型(Physical Data Model)。

(1) 概念模型：是面向数据库用户的现实世界的模型，主要用来描述世界的概念化结构，它使数据库的设计人员在设计的初始阶段，摆脱计算机系统及DBMS的具体技术问题，集中精力分析数据以及数据之间的联系等，与具体的数据管理系统无关。概念数据模型必须换成逻辑数据模型，才能在DBMS中实现。

在概念数据模型中最常用的是E-R模型、面向对象模型及谓词模型等。

(2) 逻辑模型：是用户从数据库所看到的模型，是具体的DBMS所支持的数据模型，如网状模型、层次模型、关系模型等。此模型既要面向用户，又要面向系统，主要用于数据库管理系统(DBMS)的实现。

(3) 物理模型：是面向计算机物理表示的模型，描述了数据在存储介质上的组织结构，它不但与具体的DBMS有关，而且还与操作系统和硬件有关。每一种逻辑数据模型在实现时都有其对应的物理数据模型。DBMS为了保证其独立性与可移植性，大部分物理数据模型的实现工作由系统自动完成，而设计者只设计索引、聚集等特殊结构。

1.2.2 信息世界中的基本概念

概念数据模型用来建立信息世界的数据模型,强调语义表达,描述信息结构,是对现实世界的第一层抽象。信息世界的一些基本概念包括实体、属性、域、实体型、实体集、联系等。

1. 实体

实体是具有相同属性描述的对象(人、地点、事物)的集合。实体是现实世界中客观存在的、能相互区别的任何事物,实体可以是实际的事物,也可以是实际的事件。例如,学生、教师、课本等是实际事物,而授课、借阅图书等则是实际的事件。凡是有共性的实体可组成一个集合,称为实体集。例如,若干个学生实体的集合构成学生实体集。

2. 属性与域

属性就是对一个对象的抽象刻画。一个具体事物,总是有许许多多的性质与关系,我们把一个事物的性质与关系都叫做事物的属性。属性刻画了实体的特征。一个实体可以有若干个属性,实体及其所有的属性构成了实体的一个完整描述。因此实体与属性间有一定的关联。例如,在学生档案中每个学生(实体)可以有学号、姓名、性别、年龄等若干属性,它们组成了一个有关学生(实体)的完整描述。

一个实体往往可以有若干个属性。每个属性可以有值,如梁西川出生日期取值为"1990-12-1",史晓庆的政治面貌是"中共党员",一个属性的取值范围称为该属性的值域。在学生表(见表 1-1)中,每一行表示一个实体,这个实体可以用一组属性值表示。比如,(20100102,梁西川,男,1990-12-1,群众,201001)表示一个学生实体。

表 1-1 学生表

学 号	姓 名	性 别	出 生 日 期	政治面貌	班级编号
20100102	梁西川	男	1990-12-1	群众	201001
20100104	史晓庆	女	1991-4-3	中共党员	201001
20100105	王昭宇	男	1991-11-21	群众	201103
20100201	佘婷婷	女	1991-10-3	群众	201002

3. 实体型与实体集

具有相同属性的实体必然具有共同的特征和性质。用实体名及其属性名集合来抽象和刻画同类实体,称为实体型。例如,学生(学号,姓名,性别,出生日期,政治面貌,班级编号)就是一个实体型。

同型实体的集合称为实体集。例如,全体学生就是一个实体集。

4. 实体之间的联系

两个实体集之间实体的对应关系称为联系,实体之间的联系可归结为如下三种。

(1)一对一联系,如图 1-2 所示,如果实体集 E1 中的每一个实体至多和实体集 E2 中的一个实体有联系,反之亦然,则称 E1 和 E2 是一对一的联系,表示为 1:1。例如,实体集校长和实体集学校之间的联系是一对一。

(2)一对多联系,如图 1-3 所示,如果实体集 E1 中的每个实体与实体集 E2 中的任意个实体有联系,而实体集 E2 中的每一个实体至多和实体集 E1 中的一个实体有联系,则称 E1 和 E2 之间是一对多的联系,表示为 $1:n$,E1 称为一方,E2 为多方。

例如，实体集学校和实体集学生之间是一对多的联系，一方是实体集学校，多方是实体集学生，即一个学校对应多个学生。

（3）多对多联系，如图 1-4 所示，如果实体集 E1 中的每个实体与实体集 E2 中的任意个实体有联系，反之，实体集 E2 中的每个实体与实体集 E1 中的任意个实体有联系，则称 E1 和 E2 之间是多对多的联系，表示为 $m:n$。

例如，实体集学生和实体集课程之间是多对多的关系，即一个学生可以学多门课程，而每门课程可以由多个学生来学。联系也可能有属性。例如，学生"学"某门课程所取得的成绩，既不是学生的属性也不是课程的属性。由于"成绩"既依赖于某名特定的学生又依赖于某门特定的课程，所以它是学生与课程之间的联系"学"的属性。

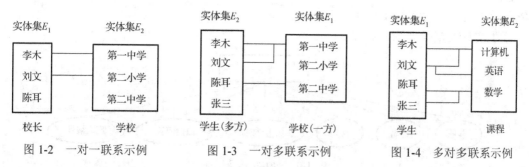

图 1-2　一对一联系示例　　图 1-3　一对多联系示例　　图 1-4　多对多联系示例

1.2.3　E-R 模型

概念模型是对信息世界建模，所以概念模型应该能够方便、准确地表示出上述信息世界中的常用概念。概念模型的表示方法很多，其中尤为著名的是 Peter Chen 提出的"实体-联系方法"（Entity-Relationship Approach），简称 E-R 模型。该方法用图形方式表示实体集之间的联系。

E-R 图的基本图素包括实体、属性、联系和连线四种基本图素，如图 1-5 所示。

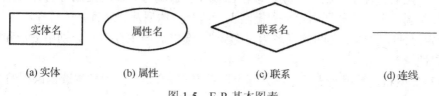

图 1-5　E-R 基本图素

（1）矩形：表示实体集，实体名称写在框内。
（2）椭圆：表示实体集或联系的属性，框内标明属性的名称。
（3）菱形：表示实体间的关系，框内注明联系名称。
（4）连线：连接实体和各个属性、实体和联系，并注明联系种类，即 1∶1，如图 1-6 所示；1∶n，如图 1-7 所示；n∶m，如图 1-8 所示。

图 1-6　两实体 1∶1 联系

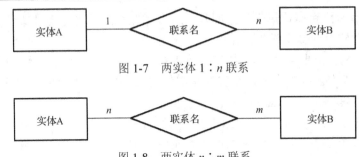

图 1-7　两实体 1∶n 联系

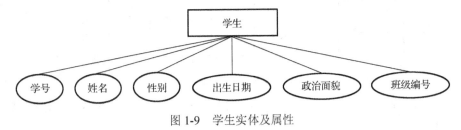

图 1-8　两实体 n∶m 联系

【例 1-1】　学生实体具有学号、姓名、性别、出生日期、政治面貌和班级编号属性，用 E-R 图元素表示学生实体及属性。

学生实体及属性如图 1-9 所示。

图 1-9　学生实体及属性

需要注意的是，一个联系若具有属性，则这些属性也要用无向边与该联系连接起来，如例 1-2 所示。

【例 1-2】　用 E-R 图表示学生成绩管理系统中学生与课程的联系。绘图步骤如下。

(1) 分析：每个学生选修若干课程，每门课可由若干学生选修，联系为多对多，学生和课程的联系是"选修"，联系"选修"产生属性"分数"。

(2) 确定实体型及其属性。学生成绩管理系统中包含学生与课程两个实体型。其中学生的属性有学号、姓名、性别、出生日期、政治面貌和班级编号。课程的属性有课程编号、课程名称、课程类别、学分。分别用矩形和椭圆表示两个实体型及其属性。

(3) 确定这两个实体型之间的联系为"选修"。选修后产生分数，分别用菱形和椭圆表示联系及其属性。

(4) 对实体型和联系用连线组合，并标上联系方式 n∶m，得到学生选修课程的 E-R 图，如图 1-10 所示。

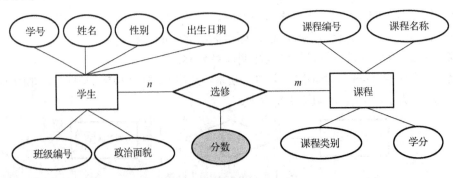

图 1-10　学生选修课程的 E-R 图

【例1-3】 用E-R图表示网上购物系统中顾客与商品的联系。绘图步骤如下。

(1) 网上购物系统中有顾客和商品两个实体型。其中顾客的属性有顾客ID、密码、姓名和账号余额。商品的属性有商品ID、商品名称、单价和库存量。分别用矩形和椭圆形表示两个实体型及其属性。

(2) 这两个实体型之间的联系为"购买"。购买后产生数量、时间和送货方式，分别用菱形和椭圆表示联系及其属性。

(3) 一个顾客可购买多个商品，一件商品也可以被多个顾客购买，两个实体型的联系为多对多，标上联系类型 $n:m$，得到网上购物系统中顾客购买商品的E-R图，如图1-11所示。

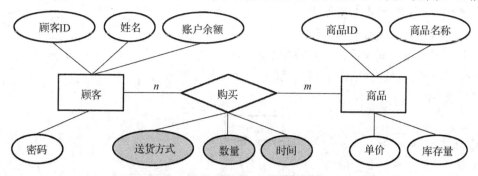

图1-11 顾客与商品的E-R图

单个或更多实体型之间也有类似于两个实体型之间的三种联系类型。

如对于学生、课程和教师这三个实体，若规定每个学生可以选择多门课程，每门课程可以被多个学生选修，每门课程唯一对应一个任课教师，一个教师可以讲授多门课程。则学生、课程和教师这三个实体之间的联系如图1-12所示。

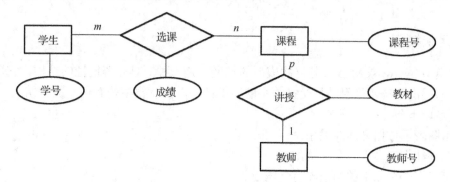

图1-12 三个实体型关系示例

又如，有三个实体：项目、零件和厂家，假设厂家供应零件，每种零件可由多个厂家供应给不同的工程项目，仓库负责采购零件并管理零件的入库、出库，多个工程项目所需的零件在仓库领取。则这三个实体型间是多对多联系，如图1-13所示。

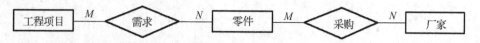

图1-13 多个不同实体型间联系示例

同一个实体型对应的实体集内容也存在三种对应关系，可以把一个实体集逻辑上看成两个与原来一样的实体集来理解。例如，职工实体集内部就有领导和被领导的联系，即一职工领导若干名职工，而一个职工仅被另外一名职工直接领导，是一对多联系，如图1-14所示。

1.2.4 层次模型

层次模型(Hierarchical Model)是数据库系统中最早采用的数据模型，它是通过从属关系结构表示数据间的联系，层次模型是有向"树"结构。用树形表示数据之间的多级层次结构。其结构特点：

(1) 只有一个最高结点即根结点；
(2) 其余结点有且仅有一个父结点；
(3) 上下层结点之间表示一对多的联系。

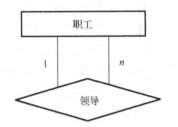

图1-14 单个实体型内部 $1:n$ 联系

例如，行政组织机构(见图1-15)、家族辈分关系等都是典型的层次模型。

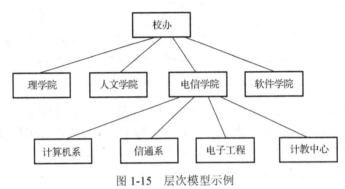

图1-15 层次模型示例

1.2.5 网状模型

网状模型(Network Model)是层次模型的扩展，是一种更具有普遍性的结构，它表示多个从属关系的层次结构，呈现一种交叉关系的网络结构，网状模型是有向"图"结构。

它满足以下条件：
(1) 用图表示数据之间的关系；
(2) 允许结点有多于一个的父结点；
(3) 可以有一个以上的结点没有父结点。

如图1-16所示的网状模型示例，出版社和科研机构没有父节点，有多个根节点，图书有多个父节点。

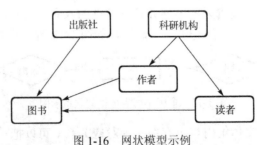

图1-16 网状模型示例

1.2.6 关系模型

关系模型(Relational Model)是用一组二维表来表示数据和数据之间的联系的数据模型。每一张二维表组成一个关系,一个关系有一个关系名。一个关系由表头和记录两部分组成,表头由描述客观世界的各个属性组成,每条记录的数据由实体在各个字段的值组成。表1-2所示为班级关系。

表1-2 班级关系

班级编号	班级名称	入学时间	专业	培养层次
201001	2010级会计学1班	2010-9-1	会计学	本科
201002	2010级国际经济与贸易1班	2010-9-1	国际经济与贸易	本科
201101	2011级会计学1班	2011-9-1	会计学	本科
201102	2011级工商管理1班	2011-9-1	工商管理	本科

在关系模型建立的数据库中实体和各类联系都用关系来表示,对数据的检索结果也是关系,概念单一,从而使得数据库具有更高的数据独立性,更好的安全保密性,简化了程序员的工作和数据库开发建立的工作。

关系结构简单、直观,在数据库技术中,将支持关系模型的数据库管理系统称为关系型数据库,目前关系型数据库在数据库管理领域占主导地位。

1.3 关系数据库

1.3.1 关系性质与特点

1. 基本概念

(1) 关系

一个关系(Relation)就是一个二维表。每个关系都有一个关系名。对关系的结构描述称为关系模式,其格式为:关系名(属性名1,属性名2,…,属性名n)。例如,

学生(<u>学号</u>,姓名,性别,出生日期,政治面貌,班级编号)

成绩(<u>学号</u>,<u>课程编号</u>,分数)

(2) 元组(Tuple)

在二维表中,从第二行起的每一行称为一个元组,在文件中对应一条具体记录。例如,学生表中的一行对应一条学生记录。

(3) 属性(Attribute)

二维表中,每一列称为一个属性,在文件中对应一个字段。每一列有一个属性名,二维表第一行显示的每一列的名称,在文件中对应字段名,如"名""性别"等,属性名即字段名。行和列的交叉位置表示某个属性的值。

(4) 域(Domain)

属性的取值范围。如学生表中"性别"字段的取值只能是"男"或"女",成绩表中的"分数"字段取值范围是0~100。

(5) 主键(Primary Key)

表中的某个属性或某些属性的集合，能唯一确定一个元组。例如，在学生表中"学号"字段可以唯一标示一条学生记录。该字段就是学生表的主键。在成绩表中，只有属性的组合"学号+课程编号"才能唯一区分每一条记录，则属性集"学号+课程编号"是成绩表的主键。

如果一个二维表中存在多个关键字或码，它们称为该表的候选关键字或候选码。在候选码中指定一个关键字作为用户使用的关键字，称为主关键字或主码。

(6) 外键(Foreign Key)

外键是一个表中的一个属性或属性组，它们在其他表中作为主键而存在。一个表中的外键被认为是对另外一个表中主键的引用。如关系

学生(学号，姓名，性别，出生日期，政治面貌，班级编号)

班级(班级编号，班级名称，入学时间，专业，培养层次)

在班级表中"班级编号"是主键，在学生表中"班级编号"则是外键。

2. 关系的特点

在关系数据库中，对关系有一定的要求和限制，即关系必须符合以下特点。

(1) 关系中的每个属性都必须是不可分解的，是最基本的数据单元，即数据表中不能再包含表。

(2) 一个关系中不允许有相同的属性名，即在定义表结构时，一张表中不能出现重复的字段名，但允许不同的表中有同名属性。

(3) 关系中不允许出现相同的元组，即数据表中任意两行不能完全相同。否则不仅会增加数据量，造成数据的"冗余"，还会造成数据查询和统计的错误，产生数据不一致问题。因此，应绝对避免元组重复现象，确保实体的唯一性和完整性。

(4) 关系中同一列的数据类型必须相同，也就是说，数据表中任一字段的取值范围应属于同一个域。例如，学生选课成绩表中的"成绩"属性值不能既有百分制，又有五分制，必须统一成一种语义。

(5) 关系中行、列的次序任意，任意交换两行或两列的位置并不影响数据的实际含义。

3. E-R 模型向关系模型的转换

要建立数据库，就需要 E-R 模型向关系模型进行转换，在 E-R 模型中的一个实体将转换为一个关系。实体的属性就是关系的属性，实体的标识符就是关系的字段名。在关系模型中，可以通过各关系中具有相同意义的属性来建立实体之间的联系。

那么，E-R 图转化成关系模式的步骤是什么呢？

前提，是已经把需求中的实体，以及实体中的联系确定。

第一，把每个实体都转化成关系模式 R(A、B)形式(A、B 代表属性)。

第二，实体中的属性即关系模式中的属性要求是不可再分的。

第三，也是最重要的步骤，实体之间联系的转换。

实体之间的联系分为 $1:1$，$1:n$，$m:n$ 三种形式。

(1) 实体间 $1:1$ 联系的转换

将两个实体转化成关系模式之后，把任意实体的主键和联系的属性放到另一个实体的关系模式中。

如图 1-17 所示，实体"部门"和实体"经理"之间存在 $1:1$ 联系，要转换成关系模型，

我们可以将实体"部门"转换成关系部门表(部门号，部门名，经理号)，实体"经理"转换成关系经理表(经理号，经理名，电话)，通过在部门表中增加"经理号"这一属性，建立两个关系的公共属性，从而确定两个关系的1∶1联系。同理，也可以转换成部门表(部门号，部门名)、经理表(经理号，部门号，经理名，电话)。不需要单独将联系"管理"转换成一个关系。

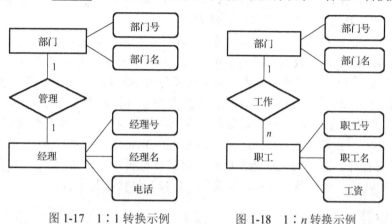

图 1-17 1∶1 转换示例　　　　图 1-18 1∶n 转换示例

(2) 实体间 1∶n 关系的转换

将两个实体各自转化成关系模式后，把联系数量为 1 的实体的主键和联系的属性放到联系数量为 n 的实体关系模式中。

如图 1-18 所示，实体"部门"和实体"职工"之间存在 1∶n 的联系，转换成关系模型，可以转换成部门表(部门号，部门名)、职工表(职工号，部门号，职工名，工资)。联系"工作"不需要单独转换成关系表，只需要在职工表中增加"部门号"这一公共属性，即可实现两个关系之间的一对多联系。

(3) 实体间 n∶m 关系的转换

将两个实体各自转换成关系模式后，把两个实体中的主键和联系的属性放到另一个关系模式中(注意，多生成一个关系模式)。

如图 1-19 所示，实体"教师"和实体"课程"之间存在 n∶m 的联系，要转换成关系模型，可以转换成教师表(教师号，教师名，职称)、课程表(课程号，课程名，学分)和授课表(教师号，课程号，授课时数)。联系"授课"需要单独转换成一个关系(即授课表)才能实现这种多对多联系。

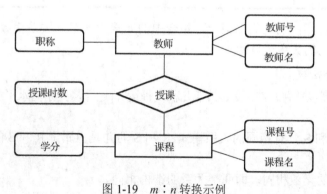

图 1-19 m∶n 转换示例

综上所述,在进行转换时,实体间 1∶1 的联系和 1∶n 的联系一般不转换成一个关系,而一个 $m∶n$ 的联系需要转换为一个关系。

4. 关系操作

关系模型的数据操作一般有 4 种:查询、插入、删除及修改。关系模型给出了关系操作的能力,但不对RDBMS语言给出具体的语法要求。

(1) 数据插入(Insert)。数据插入仅对一个关系而言,在指定的关系中插入一个或多个元组。

(2) 数据删除(Delete)。数据删除的基本单位是一个表中的元组,它将满足条件的元组从表中删除。数据删除可以分解成一个表内元组选择与表中的元组删除两个基本操作。

(3) 数据修改(Update)。数据修改是在一个关系中修改指定的元组与属性。

(4) 数据查询(Query)。数据查询是数据操作的核心操作,包括单表查询和多表查询。查询包括选择(select)、投影(project)、连接(join)、除(Divide)、并(Union)、交(Intersection)、差(Difference)等操作。查询的表达能力是其中最重要的部分。

关系操作的特点是集合操作方式,即操作的对象和结构都是集合。

1.3.2 关系运算

关系代数是以关系为运算对象的一组高级运算的集合。关系代数的运算对象和结果都是关系,关系代数的运算符包括 4 类:集合运算符、专门关系运算符、算术比较符、逻辑运算符,如表1-3 所示。

表 1-3 关系代数运算符

运算符		含 义	运算符	含 义
集合运算符	∪	并	>	大于
	-	差	≥	大于等于
	∩	交	<	小于
	×	广义笛卡儿积	≤	小于等于
专门的关系运算符	σ	选择	=	等于
	π	投影	≠	不等于
	⋈	联结	¬	非
	÷	除	∧	与
			∨	或

(比较运算符对应 >、≥、<、≤、=、≠;逻辑运算符对应 ¬、∧、∨)

关系定义为元数相同的元组的集合。集合中的元素为元组,关系代数中的操作可分为传统的集合运算和专门的关系运算两类。

1. 传统的集合运算

传统的集合运算包括并、差、交、笛卡儿积 4 种运算[运算从关系的水平(行)的角度来进行]。

(1) 并

设两个关系 R 和 S 具有相同的关系模式,R 和 S 的并是由属于 R 和 S 的元组构成的集合,记为 R∪S。

注意:R 和 S 的元数相同,即两个关系的结构相同。

例如,关系 R:

商品代码	子公司代码	品名	数量	单价
1	Comp1	钢笔	50	10.00
2	Comp1	圆珠笔	200	6.00

关系 S：

商品代码	子公司代码	品名	数量	单价
1	Comp1	钢笔	50	10.00
5	Comp2	练习本	200	3.00
6	Comp2	信笺	1000	3.00

R∪S 结果：

商品代码	子公司代码	品名	数量	单价
1	Comp1	钢笔	50	10.00
2	Comp1	圆珠笔	200	6.00
5	Comp2	练习本	200	3.00
6	Comp2	信笺	1000	3.00

(2) 交

设两个关系 R 和 S 具有相同的关系模式，R 和 S 的交是由同时属于 R 和 S 的元组构成的集合，记为 R∩S。

例如，关系 R：

学号	课程名	分数
1	数学	80
1	英语	85
1	政治	90
2	数学	85
2	英语	80
2	政治	90

关系 S：

学号	课名	分数
1	数学	80
1	英语	85
1	历史	92
2	数学	85
2	英语	80
2	历史	80

R∩S 结果：

学号	课名	分数
1	数学	80
1	英语	85
2	数学	85
2	英语	80

(3) 差

设两个关系 R 和 S 具有相同的关系模式，R 和 S 的差是由属于 R 但不属于 S 的元组构成的集合，记为 R-S。

如上例中，R-S 结果：

学 号	课 名	分 数
1	政治	90
2	政治	90

(4) 笛卡尔积

设关系 R 和 S 的元数分别为 r 和 s。定义 R 和 S 的笛卡儿积是个 $(r+s)$ 元的元组集合，每个元组的前 r 个分量(属性值)来自 R 的一个元组，后 s 个分量来自 S 的一个元组，记为 R×S。

若 R 有 m 个元组，S 有 n 个元组，则 R×S 有 $m×n$ 个元组。

数据示例如下。

关系 R：

姓 名	年 龄
张三	20
李四	19

关系 S：

地 址	邮 编
长沙	410004
娄底	417119

R×S 结果：

姓 名	年 龄	地 址	邮 编
张三	20	长沙	410004
张三	20	娄底	417119
李四	19	长沙	410004
李四	19	娄底	417119

2．专门的关系运算

专门的关系运算包括选择、投影、连接、除等。

(1) 选择

从关系中找出满足给定条件的所有元组称为选择。其中的条件是以逻辑表达式给出的，该逻辑表达式的值为真的元组被选取。这是从行的角度进行的运算，即水平方向抽取元组。经过选择运算得到的结果能形成新的关系，其关系模式不变，但其中元组的数目小于或等于原来的关系中元组的个数，是原关系的一个子集。

例如，在关系 R 中选择分数在 90 分以上的记录。

学 号	课程名	分 数
1	数学	80
1	英语	85
1	政治	90
2	数学	85
2	英语	80
2	政治	90

按要求进行选择后的关系如下表所示。

学　号	课　程　名	分　　数
1	政治	90
2	政治	90

(2) 投影

从关系中挑选若干属性组成的新的关系称为投影。这是从列的角度进行运算。经过投影运算能得到一个新关系，其关系所包含的属性个数往往比原关系少，或属性的排列顺序不同。如果新关系中包含重复元组，则要删除重复元组。

例如在关系 R 中

商品代码	子公司代码	品　　名	数量	单价
1	Comp1	钢笔	50	10.00
2	Comp1	圆珠笔	200	6.00

只选择品名和数量查看的话，按要求进行投影运算后的关系如下表所示。

品　　名	数　　量
钢笔	50
圆珠笔	200

(3) 连接

从两个关系的笛卡儿积中选取属性间满足一定条件的元组。记作 R∞S，在实际应用中一般两个相互连接的关系往往须满足一些条件，所得到的新关系中只包含满足连接条件的元组，这样就引入了连接运算与自然连接运算。

例如，给定两个关系 R 和 S，则 R∞S（连接条件为 R1≤S1）的结果如下所示。

关系 R：

R1	R2	R3	R4
1	7	0	4
3	2	5	1
5	9	8	7

关系 S：

S1	S2	S3
1	3	5
4	0	8

R∞S：

R1	R2	R3	R4	S1	S2	S3
1	7	0	4	1	3	5
1	7	0	4	4	0	8
3	2	5	1	4	0	8

自然连接是连接的一个特例，在实际应用中常见。自然连接满足的条件是：两关系间有公共属性，通过公共属性的相等的值进行连接。

例如，给定两个关系 R 和 S，求 R、S 的自然连接结果。

关系 R：

学 号	姓 名	性 别	专 业
20100107	张伟	男	会计学
20100108	周欢	男	会计学
20100109	许明文	男	会计学
20100203	何慧	女	国际经济与贸易
20100204	程伟	男	国际经济与贸易
20100205	周蕙	女	国际经济与贸易

关系 S：

学 号	计算机基础	数据库基础
20100109	85	88
20100205	98	90
20100107	80	88
20100108	78	70
20100203	90	80
20100204	65	66

R、S 的自然连接结果：

学 号	姓 名	性 别	专 业	计算机基础	数据库基础
20100107	张伟	男	会计学	80	88
20100108	周欢	男	会计学	78	70
20100109	许明文	男	会计学	85	88
20100203	何慧	女	国际经济与贸易	90	80
20100204	程伟	男	国际经济与贸易	65	66
20100205	周蕙	女	国际经济与贸易	98	90

1.3.3 关系的完整性约束

关系模型允许定义三类完整性约束：实体完整性、参照完整性和用户定义的完整性。其中实体完整性和参照完整性是关系模型必须满足的完整性约束条件，体现了具体领域中的语义约束。

1. 实体完整性规则

若属性 A 是基本关系 R 的主属性，则属性 A 不能取空值。实体完整性规则规定基本关系的所有主属性都不能取空值，而不仅是主码整体不能取空值。

(1)实体完整性规则是针对基本关系而言的。一个基本表通常对应现实世界的一个实体集。例如，学生关系对应于学生的集合。

(2)现实世界中的实体是可区分的，即它们具有某种唯一性标志。

(3)相应地，关系模型中以主码作为唯一性标志。

(4)主码中的属性(即主属性)不能取空值。所谓空值就是"不知道"或"无意义"的值。如果主属性取空值，就说明存在某个不可标识的实体，即存在不可区分的实体。这与第(2)点相矛盾，因此这个规则称为实体完整性。

2. 参照完整性规则

参照完整性是定义建立关系之间联系的主关键字与外部关键字引用的约束条件。

关系数据库中通常都包含多个存在相互联系的关系，关系与关系之间的联系是通过公共属性来实现的。所谓公共属性，它是一个关系 R(称为被参照关系或目标关系)的主关键字，同时又是另一关系 K(称为参照关系)的外部关键字。如果参照关系 K 中外部关键字的取值，要么与被参照关系 R 中某元组主关键字的值相同，要么取空值，那么，在这两个关系间建立关联的主关键字和外部关键字引用，符合参照完整性规则要求。如果参照关系 K 的外部关键字也是其主关键字，根据实体完整性要求，主关键字不得取空值，因此，参照关系 K 外部关键字的取值实际上只能取相应被参照关系 R 中已经存在的主关键字值。

在教务管理数据库中，如果将选课表作为参照关系，学生表作为被参照关系，以"学号"作为两个关系进行关联的属性，则"学号"是学生关系的主关键字，是选课关系的外部关键字。选课关系通过外部关键字"学号"参照学生关系。

3. 用户定义的完整性约束

用户定义的完整性约束条件是某一具体数据库的约束条件，是用户自己定义的某一具体数据必须满足的语义要求。例如某个属性必须取唯一值，某些属性值之间应满足一定的函数关系，某个属性的取值范围在 0～100 之间等。关系模型应提供定义和检验这类完整性的机制，以便于用统一的系统的方法处理它们，而不要由应用程序承担这一功能，以确保整个数据库始终符合用户所定义的完整性约束条件。

1.4 数据库设计基础

1.4.1 数据库设计步骤

数据库设计是指根据用户需求研制数据库结构并应用的过程。数据库设计应该与应用系统设计相结合，也就是说，要把行为设计和结构设计密切结合起来，是一种"反复探寻，逐步求精的过程"。这也正是数据库设计的特点。

按照规范化的设计方法，以及数据库应用系统开发过程，数据库的设计过程可分为以下六个设计阶段：需求分析、概念结构设计、逻辑结构设计、物理结构设计、数据库的实施、数据库运行和维护。

1.4.2 数据库设计需求分析

需求分析的目标是准确了解系统的应用环境，了解并分析用户对数据及数据处理的需求，是整个数据库设计过程中最重要的步骤之一，是其余各阶段的基础。在需求分析阶段，要求从各方面对整个组织进行调研，收集和分析各项应用对信息和处理两方面的需求。这一阶段费时复杂，但决定了以后各阶段的质量。需求分析大致可分成三步来完成。

(1)需求信息的收集

需求分析阶段，主要了解和分析的内容如下。

- 信息需求：用户需要从数据库中获得信息的内容与性质。
- 处理需求：用户要求软件系统完成的功能，并说明对系统处理完成功能的时间、处理方式的要求。
- 安全性与完整性要求：用户对系统信息的安全性要求等级以及信息完整性的具体要求。

(2) 需求信息的分析整理

分析的过程是对所收集到的数据进行抽象的过程。软件开发以用户的日常工作为基础，在收集需求信息时，用户也是从日常工作角度对软件功能和处理的信息进行描述，这些信息不利于软件的设计和实现，为便于设计人员和用户之间进行交流，同时方便软件的设计和实现，设计人员要对收集到的用户需求信息进行分析和整理，把功能进行分类和合并，把整个系统分解成若干个功能模块。

例如，在图书销售管理系统中，以下是分析得到的用户需求：

- 新书信息录入，以添加系统中所销售图书的信息。
- 新书列表，以方便用户得到新进图书的信息。
- 书目分类，以便于用户查看对应分类中相关图书信息。
- 图书搜索功能，以方便用户按书名、ISBN、主题或作者搜索相应图书信息。
- 用户注册功能，以方便保存用户信息，并在相应功能中快速应用用户信息。
- 用户登录功能，以方便用户选购图书，并进行结算和配送。
- 订单管理功能，以方便对图书的销售情况进行统计、分析和配送。
- 系统管理员登录功能。

(3) 需求信息的评审

需求分析阶段的工作要求完成一整套详尽的数据流图和数据字典，写出一份切合实际的需求说明书。

数据库设计过程中采用数据流图(Data Flow Diagram, DFD)来描述系统的功能。数据流图可以形象地描述事务处理与所需数据的关联，便于用结构化系统方法，自顶向下，逐层分解，步步细化，并且便于用户和设计人员进行交流。

数据字典(Data Dictionary, DD)是关于数据库中数据的一种描述，而不是数据库中的数据；数据字典用于记载系统中的各种数据、数据元素以及它们的名字、性质、意义及各类约束条件，通常包括

① 数据项：数据的最小单位；
② 数据结构：某一数据处理过程的输入输出；
④ 数据存储：处理过程中存取的数据，通常是手工凭证、手工文档或计算机文件；
⑤ 处理过程：数据加工过程的描述包括数据加工过程名、说明、输入、输出、加工处理工作摘要、加工处理频度、加工处理的数据量、响应时间要求等。

1.4.3 数据库的概念设计

概念结构设计是指对用户的需求进行综合、归纳与抽象，形成一个独立于具体 DBMS 的概念模型，是整个数据库设计的关键。概念设计阶段的目标是把需求分析阶段得到的用户需求抽象为数据库的概念结构，即概念模式。设计关系型数据库的过程中，描述概念结构的有力工具是 E-R 图，概念结构设计分为局部 E-R 图和总体 E-R 图。总体 E-R 图由局部 E-R 图组成，设计时，一般先从局部 E-R 图开始设计，以减小设计的复杂度，最后由局部 E-R 图综合形成总体 E-R 图。E-R 图的相关知识参见第 1.3 节相关内容。

概念模型设计一般分两步完成。

1. 设计局部概念模型

局部 E-R 图的设计从数据流图出发确定数据流图中的实体和相关属性，并根据数据流图中表示的对数据的处理，确定实体之间的联系。

在设计 E-R 图的过程中，需要注意以下问题：
- 用属性还是实体表示某个对象更恰当。
- 用实体还是联系能更准确地描述需要表达的概念。

2. 设计全局概念模型

各个局部 E-R 图建立好后，还需要对它们进行合并，集成为一个整体的概念数据结构，即全局 E-R 图。

集成局部 E-R 图的方法分为两个步骤。
- 合并：解决各个 E-R 图之间的冲突，消除各个分 E-R 图中不一致的地方，形成一个能为全系统中所有用户共同理解和接受的统一概念模型。
- 修改和重构：消除不必要的冗余，生成基本的 E-R 图。冗余的数据是指由基本数据导出的数据，冗余的联系是指可由其他联系导出的联系。

1.4.4 数据库的逻辑设计

概念设计的结果得到的是与计算机软硬件具体性能无关的全局概念模式，概念结构无法在计算机中直接应用，需要把概念结构转换成特定的 DBMS 所支持的数据模型，逻辑设计就是把上述概念模型转换成为某个具体的 DBMS 所支持的数据模型并进行优化。

逻辑结构设计一般分为两部分：概念结构向关系模型的转换、关系模型的优化。

1. 概念结构向关系模型的转换

概念结构向关系模型转换需要有一定的原则和方法指导，一般而言，原则如下：
- 每个实体都有表与之对应，实体的属性转换成表的属性，实体的主键转换成表的主键。
- 联系的转换，联系转换的具体类型包括两实体间的一对一联系、两实体间的一对多联系、同一实体间的一对多联系、两实体间的多对多联系、同一实体间的多对多联系、两个以上实体间的多对多联系。

2. 关系模型的优化

具体步骤：
① 确定每个关系模式内部各个属性之间的数据依赖以及不同关系模式属性之间的数据依赖。
② 对各个关系模式之间的数据依赖进行最小化处理，消除冗余的联系。
③ 确定各关系模式的范式等级。
④ 按照需求分析阶段得到的处理要求，确定要对哪些模式进行合并或分解。
⑤ 为了提高数据操作的效率和存储空间的利用率，对上述产生的关系模式进行适当的修改、调整和重构。

1.4.5 数据库的物理设计

数据库物理设计是将一个给定逻辑结构实施到具体的环境中时，逻辑数据模型要选取一个具体的工作环境，这个工作环境提供了数据存储结构与存取方法，这个过程就是数据库的物理设计。

物理设计指对数据库的逻辑结构在指定的 DBMS 上建立起适合应用环境的物理结构，输出信息主要是物理数据库结构说明书。其内容包括物理数据库结构、存储记录格式、存储记录位置分配及访问方法等。数据库的物理设计通常分为两步，第一，确定数据库的物理结构，第二，评价实施空间效率和时间效率。

确定数据库的物理结构包含以下4方面的内容：
(1) 确定数据的存储结构；
(2) 设计数据的存取路径；
(3) 确定数据的存放位置；
(4) 确定系统配置。

数据库物理设计过程中需要对时间效率、空间效率、维护代价和各种用户要求进行权衡，选择一个优化方案作为数据库物理结构。在数据库物理设计中，最有效的方式是集中地存储和检索对象。

1.4.6 数据库的实施

数据库的实施主要是根据逻辑结构设计和物理结构设计的结果，在计算机系统上建立实际的数据库结构、导入数据并进行程序的调试。它相当于软件工程中的代码编写和程序调试阶段。

目前的很多 DBMS 系统除了提供传统的命令行方式外，还提供了数据库结构的图形化定义方式，极大地提高了工作的效率。

实施阶段的主要工作如下：

(1) 建立数据库结构。用具体的 DBMS 提供的数据定义语言(DDL)，把数据库的逻辑结构设计和物理结构设计的结果转化为程序语句，然后经 DBMS 编译处理和运行后，实际的数据库便建立起来了。

(2) 数据载入。此时的数据库系统就如同刚竣工的大楼，内部空空如也。要真正发挥它的作用，还必须装入各种实际的数据。

(3) 数据库试运行，当有部分数据装入数据库以后，就可以进入数据库的试运行阶段，数据库的试运行也称为联合调试。数据库的试运行对于系统设计的性能检测和评价是十分重要的，因为某些 DBMS 参数的最佳值只有在试运行中才能确定。

由于在数据库设计阶段，设计者对数据库的评价多是在简化了的环境条件下进行的，因此设计结果未必是最佳的。在试运行阶段，除了对应用程序做进一步的测试之外，重点执行对数据库的各种操作，实际测量系统的各种性能，检测是否达到设计要求。如果在数据库试运行时，所产生的实际结果不理想，则应回过头来修改物理结构，甚至修改逻辑结构。

1.4.7 数据库的运行和维护

数据库系统投入正式运行，意味着数据库的设计与开发阶段基本结束，运行与维护阶段开始。数据库的运行和维护是个长期的工作，是数据库设计工作的延续和提高。

在数据库运行阶段，完成对数据库的日常维护，工作人员需要掌握 DBMS 的存储、控制和数据恢复等基本操作，而且要经常性地涉及物理数据库，甚至逻辑数据库的再设计，因此数据库的维护工作仍然需要具有丰富经验的专业技术人员(主要是数据库管理员)来完成。数据库经常性的维护工作包括

- 数据库的转储和恢复。
- 数据库的安全性、完整性控制。
- DBA 根据实际情况对数据库进行的调整。
- 数据库性能的监督、分析和改造。
- 对监测数据进行分析，不断保证或改进系统的性能。
- 数据库的重组织与重构造。

小　　结

本章主要介绍了数据库、数据库管理系统、数据库系统的概念；数据管理技术经历了哪三个阶段；实体之间的三种联系解析；数据模型的三种类型介绍；关系、元组、属性、主键、外键的概念；关系代数，传统的集合运算、专门的关系运算；关系的完整性约束包括三种约束；数据库的设计的六个阶段。

第 2 章　Access 数据库与表

2.1　Access 2010 简介

Access 是一种关系型数据库管理系统,是 Microsoft Office 的组成部分之一。Access1.0 诞生于 20 世纪 90 年代初期,目前 Access 2010 已经得到广泛应用。历经多次升级改版,其功能越来越强大,但操作反而更加简单。尤其是 Access 与 Office 的高度集成,风格统一的操作界面使得许多初学者更容易掌握。

Access 应用广泛,主要体现在两个方面:一、用来进行数据分析,Access 有强大的数据处理、统计分析能力,利用 Access 的查询功能,可以方便地进行各类汇总、平均等统计,并可灵活设置统计的条件。比如在统计分析上万条记录、十几万条记录及以上的数据时速度快且操作方便,这一点是 Excel 无法与之相比的。二、用来开发软件,Access 用来开发软件,比如生产管理、销售管理、库存管理等各类企业管理软件,最大的优点是易学!非计算机专业的人员也能学会。低成本地满足了那些从事企业管理工作的人员的管理需要,通过软件来规范同事、下属的行为,推行其管理思想。(VB、.net、C 语言等开发工具对于非计算机专业人员来说太难了,而 Access 则很容易)。这一点体现在:实现了管理人员(非计算机专业毕业)开发出软件的"梦想",从而转型为"懂管理+会编程"的复合型人才。

2.1.1　Access 的发展

Access 数据库系统既是一个关系数据库系统,还是设计作为 Windows 图形用户界面的应用程序生成器。它经历了一个长期的发展过程。

Microsoft 公司在 1990 年 5 月推出 Windows 3.0 以来,该程序立刻受到了用户的欢迎和喜爱,1992 年 11 月 Microsoft 公司发行了 Windows 数据库关系系统 Access 1.0 版本。从此,Access 不断改进和再设计,自 1995 年起,Access 成为办公软件 Office 95 的一部分。多年来,Microsoft 先后推出过的 Access 版本有 2.0、7.0/95、8.0/97、9.0/2000、10.0/2002,直到今天的 Access 2003、2010、2013 版。2012 年 12 月 4 日,最新的微软 Office Access 2013 在微软 Office 2013 里发布,微软 Office Access 2010 是前一个版本。本教程以 Access 2010 版为教学背景。

中文版 Access 2010 具有和 Office 2010 中的 Word 2010、Excel 2010、Powerpoint 2010 等相同的操作界面和使用环境,具有直接连接 Internet 和 Intranet 的功能。它的操作更加简单,使用更加方便。

2.1.2　Access 2010 的新特点

Microsoft Access 2010 的特点,就在于使用简便。Access 2010 让您充分运用信息的力量。您不用是数据库专家,一样可以大显神通。同时,透过新增加的网络数据库功能,您在追踪与共享数据,或是利用数据制作报表时,将可更加轻松无负担,这些数据自然也就更具影响力。网页浏览器有多近,数据离您就有多近。

(1) 最好上手，最快上手。在 Access 2010 中，可以发挥社群的力量。采用其他人建立的数据库模板，并且分享自己的独到设计。使用由 Office Online 预先建置，针对常见工作而设计的全新数据库模板，或是选择社群提供的模板，并且加以自定义，以符合独特需求。

(2) 为数据建立集中化存取平台。使用多种数据联机，以及从其他来源链接或汇入的信息，以整合 Access 报表。可以通过改良的"设定格式化的条件"功能与计算工具，建立起丰富、动态化、富含视觉效果的报表。Access 2010 报表已可支持数据横条效果，让您以及阅读报表的人都能更容易掌握趋势、洞烛机先。

(3) 在任何地方都能存取应用程序、数据或窗体。将数据库延伸到网络上，让没有 Access 客户端的使用者，也能通过浏览器开启网络窗体与报表。数据库如有变更，将自动获得同步处理。或者，也可以脱机处理网络数据库，进行设计与数据变更，然后在重新联机时，将这些变更同步更新到 Microsoft SharePoint Server 2010 上。通过 Access 2010 与 SharePoint Server 2010，数据将可获得集中保护，以符合数据、备份与稽核方面的法规需求，并且提高可存取性与管理能力。

(4) 让专业设计深入您的 Access 数据库。把亲切熟悉、赏心悦目的 Office 主题，原汁原味地套用到您的 Access 客户端与网络数据库上。您可以在多种主题中恣意挑选，或是设计您独特的自定义主题，使窗体与报表更加美观。

(5) 以拖放方式为数据库加入导航功能。不用撰写任何程序代码，或设计任何逻辑，就能创造出具备专业外观与网页式导览功能的窗体，让您常用的窗体或报表在使用上更为方便。共有 6 种预先定义的导览模板，外加多种垂直或水平索引卷标可供选择。多层的水平索引卷标可用于显示大量的 Access 窗体或报表。只要以拖放方式，就能显示窗体或报表。

(6) 更快、更轻松地完成工作。Access 2010 能简化寻找及使用各项功能的方式。全新的 Microsoft Office Backstage 检视取代了传统的档案菜单，只须轻按几下鼠标，就能发布、备份及管理数据库。功能区设计也经过改良，进一步加快存取常用命令的速度。

(7) 使用IntelliSense建立表达式，不费吹灰之力。经过简化的"表达式建立器"可以更快、更轻松地建立数据库中的逻辑与表达式。IntelliSense 的快速信息、工具提示与自动完成，有助于减少错误、省下死背表达式名称和语法的时间，把更多时间挪到应用程序逻辑的建立上。

(8) 以前所未有的超快速度设计宏。Access 2010 拥有面目一新的宏设计工具，可以更轻松地建立、编辑并自动化执行数据库逻辑。宏设计工具能提高用户生产力，减少程序代码撰写错误，并且轻松整合复杂无比的逻辑，建立起稳固的应用程序。以数据宏结合逻辑与数据，将逻辑集中在源数据表上，进而加强程序代码的可维护性。可以通过更强大的宏设计工具与数据宏，把 Access 客户端的自动化功能延伸到 SharePoint 网络数据库以及其他会更新数据表的应用程序上。

(9) 把数据库部分转化成可重复使用的模板。重复使用由数据库的其他用户所建置的数据库组件，节省时间与心力。您可以将常用 Access 对象、字段或字段集合存储为模板，并且加入现有的数据库中，以提高您的生产力。应用程序组件可以分享给组织所有成员使用，以求建立数据库应用程序时能拥有一致性。

(10) 整合 Access 数据与实时网络内容。可以经由网络服务通信协议联机到数据源。可通过 Business Connectivity Services 将网络服务与业务应用程序的数据纳入建立的数据库中。此外，全新的网页浏览器控制功能，还可将 Web 2.0 内容整合到 Access 窗体中。

2.1.3 初识 Access

同其他 Microsoft Office 程序一样，在使用数据库时也需要首先打开 Access 窗口，然后再打开需要使用的数据库，这样才能进行其他各种操作。

启动 Access 时可以通过单击"开始"菜单，然后在"所有程序"菜单中选择图标，即可打开 Microsoft Access 2010。如图 2-1 所示。

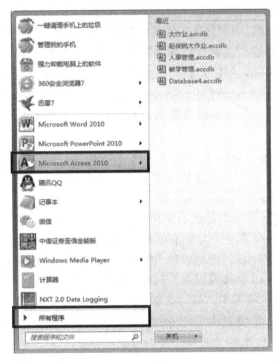

图 2-1 打开 Access 2010

打开数据库后如何工作呢？这里要从数据库的对象说起。如果说数据库是一个档案袋，那么数据库就像档案袋一样是能装东西的。数据库都能装哪些东西呢？下面一一列举。

1. 表

表是数据库所有对象中第一重要的。就像档案袋中的表一样，所有数据要写在表上，没有表的存在，空空的档案袋没有任何意义。所以说表是数据库的核心和基础。

2. 查询

查询是建立数据库最直接的目的，是数据库设计目的的体现。就像是存放数据的档案袋，如果后期不用只是存起来是没有任何意义的。在没有完全了解查询的情况下，暂时可以把它理解为查找(实际使用中查找只是查询的一个基本功能)。

3. 窗体

数据库与用户进行交互操作的界面。就像 QQ 的登录界面一样，其中可以输入账号信息并登录，登录正确可以看到所有信息，登录失败显示错误。那 QQ 如何判断信息输入的正确性呢？是因为腾讯有一个存储用户信息的数据库，其中存有关于 QQ 的所有信息。用户在输入信息后，数据库所进行的动作就是查询。QQ 界面就是窗体。

4. 报表

将数据库中需要的数据提取出来进行分析、整理和计算，并将数据以格式化的方式发送到打印机。数据库中存有大量信息，究竟选择哪些打印出来？这就需要报表。

5. 宏

宏使应用程序自动化。

6. 模块

建立复杂的 VBA 程序以完成宏等不能完成的任务。

小结一下，以上就是数据库的 6 个对象。Access 能做什么？往里面放些数据——表，取出你想要的——查询，让用户和数据库联系起来——窗体，最终放到纸上面——报表。表、查询、窗体、报表是 Access 最基本的 4 个对象。各对象的关系如图 2-2 所示。

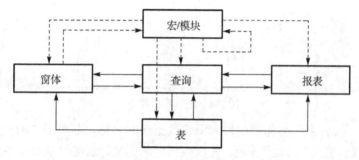

图 2-2 各对象关系图

对于数据库来说，最重要的功能就是获取数据库中的数据，所以数据在数据库各个对象间的流动就成为我们最关心的事情。为了以后建立数据库的时候能清楚地安排各种结构，应该先了解 Access 数据库中对象间的作用和联系。

Access 的所有对象都在"创建"选项卡下，如图 2-3 所示。

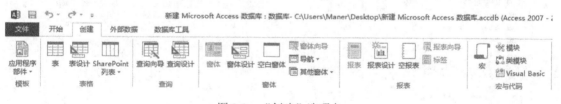

图 2-3 "创建"选项卡

2.2 创建数据库

在 Access 2010 中，既可以利用模板建立数据库，也可以直接建一个空白数据库。

2.2.1 使用模板创建数据库

Access 提供了 12 种数据库模板，以帮助用户快速创建符合实际需要的数据库。Access 中的模板包括联机模板和本地模板，这些模板中事先已经预置了符合模板主题的字段，用户只须稍加修改或直接输入数据即可。在 Access 中利用模板新建数据库的步骤如下。

第 1 步，打开 Access 窗口，单击"模板样本"按钮，从列出的 12 种模板中选择准备使用的模板(如"学生"模板)，如图 2-4 所示。

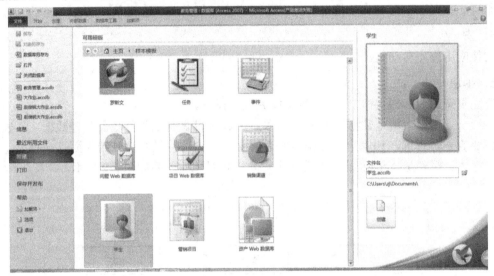

图 2-4　选择模板样本

第 2 步，在"文件名"编辑框中输入新建数据库的名称，并单击"浏览"按钮选择数据库的保存位置，然后单击"创建"按钮，完成数据库的创建。创建的库如图 2-5 所示，已有表、查询、窗体、报表对象被自动创建在数据库中。

图 2-5　自动创建的数据库对象

2.2.2　创建空白数据库

创建空白数据库后，可根据实际需要添加所需的表、窗体、查询、报表、宏和模块对象。这种方法可以创建出所需要的各种数据库，但需要用户自己动手创建各个对象，适合创建比较复杂的数据库，但又没有合适数据库模板的情况。

启动 Access 2010，屏幕显示界面如图 2-6 所示。

第 2 章 Access 数据库与表

图 2-6 新建数据库界面

单击"文件→新建"命令，单击"空数据库"按钮，在右下角指定新的空数据库的存储路径和名称，指定数据库名称为"教学管理"。单击"创建"按钮，出现新建的空数据库界面，此时自动为创建的"教学管理"数据库创建了一个名为"表1"的表，并以数据表视图方式打开。如图 2-7 所示。

图 2-7 新建的空数据库

此时将光标定位于"单击以添加"列第一个空单元格中，可添加字段。

2.2.3 数据库基本操作

1．打开数据库

在创建了数据库后，用到数据库时就需要打开已有的数据库，启动 Access 2010，单击"文件"选项卡，单击"打开"按钮，在打开的"文件"对话框中选择要打开的数据库，再单击"打开"按钮，即可打开选中的数据库。Access 中自动记忆了最近打开过的数据库，可以方便用户快速选择最近使用的数据库,只须单击"文件"下的"最近所用文件"选项即可。如图 2-8 所示。

图 2-8 最近所用文件

2．转换数据库

安装 Access 2010 后,默认文件格式为 accdb。可以使用默认文件格式,以便 Access 2010 创建和旧版本 Access 兼容的.mdb 文件。可用的文档格式包括 Access 2000 和 Access 2002-2003。如果将默认的文件格式设置成为以上任一种文件格式,则不能向所创建的文件中添加任何 Access 2010 新功能。

如图 2-9 所示,单击"文件"选项卡下的"保存并发布"选项,在中间窗格中单击"数据库另存为"选项,双击右侧窗格中要转换数据库文件类型后弹出"另存为"对话框,确定转换后数据库的保存位置和名称后,单击"保存"按钮即可。

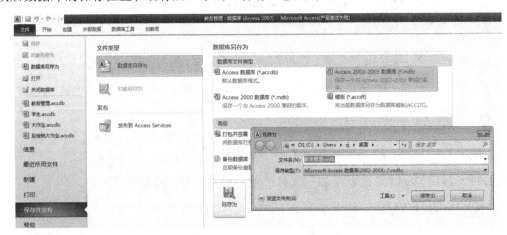

图 2-9 保存并发布

3．备份数据库

对于数据库文件,经常需要备份,以防止因硬件故障或出现意外事故丢失数据。这样,一旦发生意外,用户就可以利用备份还原这些数据。

在 Access 2010 程序中打开"教务管理"数据库，单击"文件"选项卡下的"保存并发布"按钮，双击"备份数据库"，系统将弹出"另存为"对话框，默认的备份文件名为"数据库名_备份日期"，如图 2-10 所示。单击"保存"按钮即可完成数据库的备份。

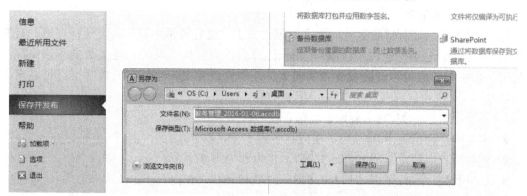

图 2-10　备份数据库

2.3　建　立　表

作为一个数据库，最基本的就是要有表，并且表中存储了数据。比如"教务管理"数据库，首先要建立一个学生表，然后将某学生的学号、姓名等信息输入到这个数据表中，这样就有了数据库中的数据源。有了这些数据以后，就可以将它们显示在窗体上。这个过程就是将表中的数据和窗体上的控件建立连接，在 Access 中把这个过程叫做"绑定"。这样就可以通过屏幕上各种各样的窗体界面来获得真正存储在表中的数据了。而且合理地在窗体上摆放控件和图案可以使我们更容易操作和理解数据库中数据代表的含意。这样就完成了数据从表到窗体的流动，实现了数据库中的数据在计算机和人之间的沟通。比如在"教务管理"数据库中，使用自动窗体将数据库中的一个记录显示在窗体上，控制窗体上的记录操作按钮在表中前后移动，可以看到对应其他记录的信息。现在，数据库中的表和窗体对象之间的关系应该很清晰了，我们可以画出一个表。至于数据库中的其他对象，现在先把它们空出来，在学习其他几种对象以后，将把这个表示数据库中数据流向的图表补充完整。以后可以每学一课，就按照这种方式将各种对象间的数据流向画出来，这对于建立一个完整的数据库很有好处。

2.3.1　Access 数据类型

在 Access 数据表中，每个字段的可用属性取决于为该字段选择的数据类型。Access 2010 提供了多种数据类型，在表设计视图"数据类型"下拉列表中显示了这些数据类型，如图 2-11 所示。

（1）文本。可以保存文本或文本与数字的组合，如姓名、地址；也可以是不需要计算的数字，如电话号码、邮政编码。设置"字段大小"属性可控制能输入的最大字符个数。文本型字段的取值最多可达到 255 个字符，如果取值的字符个数超过了 255，可使用备注型。

（2）备注。可保存较长的文本，最多可以存储 65535 个字符，不能对备注型字段进行排序和建立索引，所以在数据监测中速度要比文本型慢。

图 2-11　数据类型

(3) 日期/时间。存储日期(年、月、日)，时间(时、分、秒)或日期时间的组合数据，在内存中占 8 字节的存储空间。其中年、月、日、时、分、秒可以分别提取出来。输入格式为 YYYY-MM-DD，为什么不使用 YYYY/MM/DD？是因为容易忘记用的是上斜杠还是下斜杠。输入方式可以直接输入，也可以选择"日历"按钮。

(4) 数字。存储进行算数运算的数字数据。关于"进行算数运算"需要这样理解，有的数据(如身份证号、电话号码、邮政编码)相互运算是没有实际意义的，这类数据应该保存为文本类型。数字型一般可以通过设置"字段大小"属性，定义一个特定的数字型。可以定义如下数字型。

➢ 不带小数点的类型(主要限定取值范围)如下。
● 字节型：取值范围0～255，在内存中占 1 个字符。
● 整数型：取值范围-32768～32767，在内存中占 2 字节。
● 长整数型：取值范围-2147483648～2147483647，在内存中占 4 字节。
➢ 带小数点的类型(主要限定小数点保留位数范围)如下。
● 单精度型：在内存中占 4 字节，可以保留 7 位小数。
● 双精度型：在内存中占 8 字节，可以保留 15 位小数。

(5) 货币。货币型用于存储与货币相关的数据内存，可带格式(主要指是否带千位符、货币符号等)，等价于双精度，在内存中占 8 字节。

(6) 自动编号。自动编号数据类型可以自动产生值，不需要人为输入。需要注意的是，自动编号型一旦被指定，就会永久地与记录连接。如果删除了表中含有自动编号型字段的一条记录，Access 并不会对表中自动编号型字段重新编号。当添加某一条记录时，Access 不再使用已被删除的自动编号型字段的数值，而是按递增的规律重新赋值。还应注意，不能对自动编号型字段人为地指定数值或修改其数值，每个表只能包含一个自动编号型字段。

(7) 是/否。常称为布尔型或逻辑型数据，是针对只包含两种不同取值的字段设置的。如 Yes/No、True/False、On/Off 等数据。通过设置是/否型的格式特性，可以选择是/否型字段的显示形式，使其显示为 Yes/No、True/False 或 On/Off。在存储时以数值-1(Yes、On、True)和 0(No、False、Off)存储。

(8) OLE 对象型。指字段允许单独地"链接"或"嵌入"OLE 对象。添加数据到 OLE 对象型字段时，Access 给出以下选择：插入(嵌入)新对象、插入某个已存在的文件内容或链接到某个已存在的文件。每个嵌入对象都存放在数据库中，而每个链接对象只存放于最初的文件中。"可以链接或嵌入表中的 OLE 对象"是指在其他使用 OLE 协议程序创建的对象，如 Word 文档、Excel 电子表格、图像、声音或其他二进制数据。在窗体或报表中必须使用"结合对象框"来显示 OLE 对象。OLE 对象字段最大可为 1 GB，它受磁盘空间限制。注意，只可以添加一个附件。

(9) 超链接。用来保存超级链接。超级链接型字段包含作为超级链接地址的文本或以文本形式存储的字符与数字的组合。超级链接地址是通往对象、文档或其他目标的路径。

一个超级链接地址可以是一个 URL(通往 Internet 或 Intranet 节点)或一个 UNC 网络路径(通往局域网中一个文件的地址)。超级链接地址也可能包含其他特定的地址信息。例如，数据库对象、书签或该地址所指向的 Excel 单元格范围。当单击一个超级链接时，Web 浏览器或 Access 将根据超级链接地址到达指定的目标。

在字段或控件中插入超级链接地址最简易的方法就是在"插入"菜单中单击"超级链接"命令。

(10) 附件。存储所有类型的文件和二进制文件，不能通过输入或以其他方式输入文本或数学数据，对于压缩的附件，附件类型字段最大容量为 2 GB，非压缩的附件，该类型最大容量为 700 KB，可添加多个。

(11) 计算。显示计算结果，必须引用同一表中的其他字段，字段长度为 8 字节，只能在表示图中添加。注意："计算"字段是 Access 2010 新增功能，在 Access 2007 中没有计算，必须在字段的基础上，不能在"设计"视图下添加。

第 1 步：单击"单击以添加"，选择"计算字段"选项，本例进行数字运算，所以选择"数字"选项，如图 2-12 所示。

图 2-12 "数字"选项

第 2 步：总评成绩=平时成绩*0.3+考试成绩*0.7，在弹出框中选择参与计算的字段，并输入公式。最后单击"确定"按钮。如图 2-13 所示。

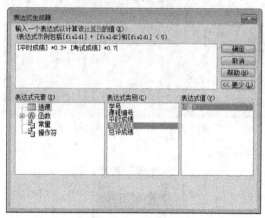

图 2-13 表达式生成器

(12) 查阅向导。一般用于希望通过列表或组合框去选择数据而不是直接输入的字段，可以是一个固定的值列表，也可以通过其他表和查询来获得列表数据。注意：选择查阅向导前的对象应该为"文本"。设置性别，选择查阅向导后的步骤如下。

第 1 步：选择"自行键入所需的值"，单击"下一步"按钮。如图 2-14 所示。

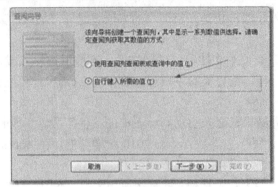

图 2-14 查阅向导(1)

第 2 步：根据菜单结构输入"男""女"，单击"完成"按钮。如图 2-15 所示。

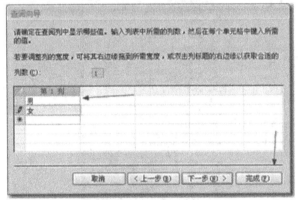

图 2-15 查阅向导(2)

在设计视图该字段"查阅"选项卡可见设置属性，如图 2-16 所示。

图 2-16 "查阅"选项卡

在表视图显示如图 2-17 所示。

图 2-17 表视图显示

2.3.2 建立表结构

一个完整的数据表由表结构和表内容组成。表内容指存储在表中的记录数据。表的结构是指数据表的框架，主要包括表名和字段属性两部分。

1. 表名

表名是该表存储在磁盘上的唯一标识,也可以理解为用户访问数据的唯一标识。

2. 字段属性

字段属性即表的组织形式,它包括表中字段的个数,每个字段的名称、数据类型、字段大小、格式、输入掩码、有效性规则等。

在 Access 中,字段的命名规则如下:

(1)长度为 1~64 个字符。

(2)可以包含字母、汉字、数字、空格和其他字符,但不能以空格开头。

(3)不能包含句号(.)、惊叹号(!)、方括号([ ])和单引号(')。

一个好的表结构将给数据库的管理带来很大的方便,还可以节约存储空间,提高处理速度,如"教务管理"数据库中的"教师"表结构如表 2-1 所示。

表 2-1 "教师"表结构

字 段 名 称	数 据 类 型	字段大小(格式)
教师编号	文本	10
教师姓名	文本	10
性别	文本	1
所属系	文本	8
职称	文本	10
基本工资	货币	自动
通讯地址	文本	30
邮政编码	文本	15
电话	文本	25
电子邮箱	文本	25

2.3.3 创建表

1. 通过"表设计"创建表

在创建表的过程中,通过"表设计"按钮创建表格比直接用"表"按钮创建表格更规范。

【例 2-1】 在"教学管理"数据库中建立"学生"信息表,表结构如表 2-2 所示。

表 2-2 "学生"表结构

字 段 名 称	数 据 类 型	字 段 大 小
学号	文本	8
姓名	文本	8
性别	查询向导	
出生日期	日期/时间	常规日期
政治面貌	文本	20
专业编号	文本	10
照片	OLE 对象	

具体步骤如下。

(1)启动 Access 2010,打开"教务管理"数据库。

(2)切换到"创建"选项卡,单击"表格"组中的"表设计"按钮,进入表的设计视图,如图 2-18 所示。

(3) 在"字段名称"栏中输入字段的名称"学号",在"数据类型"下拉列表框中选择该字段为"文本"类型,字段大小设为"8",如图2-19所示。

图2-18 表设计视图　　　　　　　　　　　图2-19 选择字段的类型

(4) 以同样的方法输入其他字段名称,并设置相应的数据类型,结果如图2-20所示。

图2-20 设置数据类型

(5) 设置主键,如果没有设置主键就离开设计视图,则会弹出如图2-21所示对话框。

图2-21 "尚未定义主键"对话框

单击"是"按钮，则由 Access 自动为表格生成主键，也就是"ID"，如图 2-22 所示。

图 2-22　生成主键

一般我们不希望用这种方式建立主键，如何以已有字段做主键呢？

第 1 步：选中要定义的字段，如图 2-23 所示。

图 2-23　选中字段

第 2 步：单击"主键"按钮，主键设置成功后，主键字段前会有钥匙标志，如图 2-24 所示。

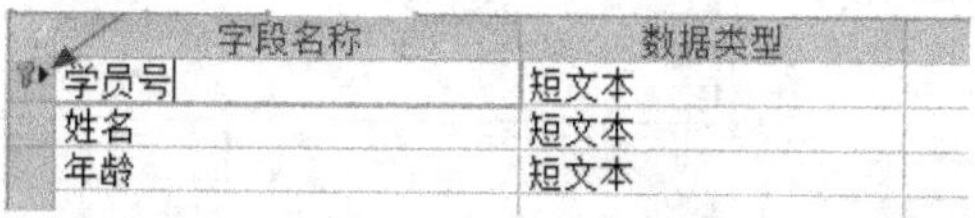

图 2-24　钥匙标志

主键是数据表一个特殊类型的字段，其作用是标记表中唯一的记录，以便用于创建数据表之间的表间关系。

(6) 单击"保存"按钮，弹出"另存为"对话框，在"表名称"文本框中输入学生信息，单击"确定"按钮。

在表设计中，可以进一步设置字段其他属性。字段的数据类型决定了可以设置的属性。在"字段属性"窗格中，为每个属性输入所需的设置。可用的字段属性如表 2-3 所示。

表 2-3　字段属性

字段属性	说　明
字段大小	设置存储为"文本""数字"或"自动编号"数据类型的数据的最大大小。提示：为获得最佳性能，请始终指定足够的最小字段大小
格式	自定义显示或打印字段时字段的默认显示方式
小数位数	指定显示数字时使用的小数位数
新值	指定添加新记录时"自动编号"字段是递增还是分配随机值
输入掩码	显示帮助指导数据输入的字
标题	设置默认情况下在表单、报表和查询的标签中显示的文本
默认值	添加新记录时为字段自动指定默认值
有效性规则	提供在此字段中添加或更改值时必须为真的表达式
有效性文本	输入值违反"有效性规则"属性中的表达式时显示的消息
必填字段	要求在字段中输入数据

字 段 属 性	说　　明
允许空字符串	允许在"文本"或"备注"字段中输入零长度字符串("")
索引	通过创建和使用索引来加速对此字段中数据的访问
文本对齐	指定控件中文本的默认对齐方式

① 格式：用来设置字段的显示及打印输出的样式。这里主要以设置日期格式为例，默认情况下日期显示格式为 1960-1-1，可以在"设计视图"中单击"格式"下拉菜单设置成其他样式，如图2-25所示。

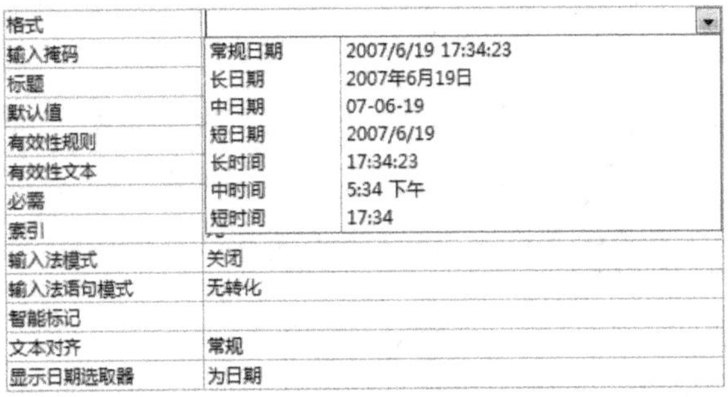

图 2-25　日期格式使用

如果系统自带样式不能满足需求，可以自定义格式，如 YYYY 代表用 4 位数字表示年、MM 代表用 2 位数字表示月、DD 代表用 2 位数字表示天。如果想设置为 XX 月 XX 日 XX 年格式，可以在格式框中直接输入：MM 月 DD 日 YYYY 年（不区分大小写），到表视图可以看到设置后的格式，如图 2-26 所示。

图 2-26　自定义设置日期格式

② 输入掩码：用来设置字段数据的输入方式。一个符号代表一位。
- 0：代表只能输入 0~9 的数字。
- 9：代表只能输入 0~9 的数字或者空格。
- #：代表只能输入正负数、空格。
- L：代表只能输入 A~Z 字母。
- ?：代表只能输入 A~Z 字母、空格。
- A：代表只能输入字母数字。
- a：代表只能输入字母数字、空格。
- 密码：设置掩码为"密码"，则输入的内容会显示为*。

例如，如果我们想限制学员号必须输入 10 位且必须为数字，则将掩码设置为 0000000000，保存后，不会对已经输入的字符造成影响，只是对新输入的值做限制。如果输入位数不足 10 位，会有如图 2-27 所示提示。

图 2-27 提示

这里需要区分的是,字段大小只是限制输入的最大长度,但是对字符必须达到的长度并没有限制。

掩码也就是限制输入的内容的形式,但就具体限制(如只能输入 A-C、1-3)是无法限制的。

例如,假设我们需要新建一个字段,用来存储固定电话,以石家庄为例,则输入的电话格式应该为 0311-XXXXXXXX 格式。其中"0311-"部分是固定的,反复输入没有必要,这时掩码可以设置为"0311-"00000000,则在输入过程中,"0311-"部分就不需要再输入了,如图 2-28 所示。

图 2-28 输入

再如,新建教师编码字段,其中"教师编号"位格式为 JS+数字,其中数字位数不做限制,最长为 3 位,如 JS1、JS22、SJ215。则将掩码设置为"JS" 999,输入如图 2-29 所示。

图 2-29 输入显示

在输入掩码中输入"密码",在数据表视图下则显示"******"。

③ 默认值:用来设置字段的初始值,必须设置为当前字段类型可接受的值。

如在教育培训行业一般女性居多,则可以将"性别"的默认值设置为"女",设置后会自动加上双引号。这里补充一点,如果录入为文本型的字符,用双引号"";如果录入为日期型的字符,用井号#;如果录入为数字型字符,不需要加任何符号。在单独写的时候可以不录入符号,主要在录入表达式时需要录入符号。这时新录入数据时性别会默认为"女"。

④ 有效性规则:限制输入的数据为可以接受的内容。

and:需要同时满足多个条件。

or:满足任何一个条件即可。

例如,需要输入年龄在 18~22 之间,则可以将有效性规则设置为">=18 and <=22",或"between 18 and 22",如图 2-30 所示。

图 2-30 有效性规则的设置

再如,设置性别为或男或女,则有效性规则为"男"or"女",如图 2-31 所示。

图 2-31 有效性规则

另外需要补充一点,有效性规则只是对新录入的数据进行限制,对已有数据没有影响。

⑤ 有效性文本：当输入的数据违反规则时所提示的信息。

在未设置时，如违反规则，则提示如图 2-32 所示。

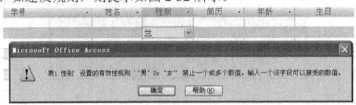

图 2-32　违反规则提示

如果设置有效性文本，这里只能输入"男"或"女"，则提示如图 2-33 所示。

图 2-33　有效性文本提示

2．通过数据表视图创建表

【例 2-2】　在"教务管理"数据库中创建"课程"表，其结构如表 2-4 所示。

表 2-4　班级表结构

字 段 名 称	字 段 类 型	字 段 大 小
课程编号	文本	4
课程名称	文本	10
学时	数字	整形
学分	数字	整形

具体操作步骤如下。

(1) 启动 Access 2010，打开"教务管理"数据库。

(2) 在功能区"创建"选项卡的"表格"组中，单击"表"按钮，这时创建名为"表 1"的新表，并在数据表视图中打开。

(3) 选中 ID 字段列。在"表格工具/字段"选项卡的"属性"组中，单击"名称和标题"按钮，如图 2-34 所示。

(4) 在打开的"输入字段属性"对话框的"名称"文本框中，输入"课程编号"，如图 2-35 所示。

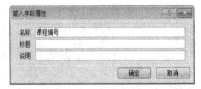

图 2-34　"名称和标题"按钮　　　　图 2-35　"输入字段属性"对话框

(5) 选中"课程编号"字段列，在"表格工具/字段"选项卡的"格式"组中，把"数据类型"由"自动编号"改为"文本"类型，在"属性"组中把"字段大小"设置为"4"，在"课程编号"下输入"1101"，如图 2-36 所示。

第 2 章　Access 数据库与表

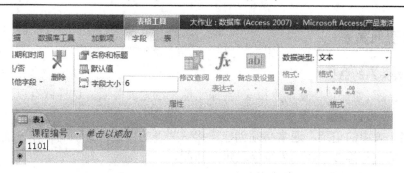

图 2-36　"格式"组和"属性"组

(6) 在"单击以添加"下面的单元格中，输入"高等数学"，此时，Access 自动为新字段命名为"字段 1"。重复步骤 4 的操作，把"字段 1"修改为"课程名称"。选中"课程名称"字段列，在"表格工具/字段"选项卡的"属性"组中把"字段大小"设置为"10"。如图 2-37 所示。

图 2-37　添加新字段

(7) 依次完成"学分""学时"字段的输入。输入部分数据后的数据表如图 2-38 所示。
(8) 单击"保存"按钮，在打开的"另存为"对话框中输入表名称"课程"，单击"确定"按钮，如图 2-39 所示。

图 2-38　表 1 的数据表视图　　　图 2-39　"另存为"对话框

3. 把其他格式的文件导入到 Access 2010 中

可以将数据库文件、文本文件、Excel 文件和其他有效的数据源导入 Access 2010 数据库中。通过常用的"外部数据"选项卡"导入"组中的命令来导入数据。也可以通过右击导航窗格中的表来启动导入过程。

第一步：在 Access 2010 导航窗格中，右键单击一个数据表，如学生信息表。
第二步：在快捷菜单中，选择"导入"，然后选择导入的对象类型。
第三步：此时会出现获取外部数据向导。
第四步：完成向导中的步骤，即可导入数据到数据库中。

2.3.4 建立表间关系

1. 创建表关系的益处

在创建数据库(如窗体、查询、报表)对象之前先创建表关系,这样做有以下几个原因。

(1) 表关系可为查询设计提供信息

要使用多个表中的记录,通常必须创建连接这些表的查询。查询的工作方式为将第 1 个表主键字段中的值与第 2 个表的外键字段进行匹配。

(2) 表关系可为窗体和报表设计提供信息

在设计窗体和报表时,会使用从已定义的表关系中收集的信息,并用适当的默认值预填充属性设置。

(3) 表关系可作为基础来实施参照完整性

这样有助于防止数据库中出现孤立记录。孤立记录指的是所参照的其他记录根本不存在。在设计数据库时,将信息拆分为表,每个表都有一个主键。然后,向相关表中添加参照这些主键的外键。这样外键——主键将构成表关系和多表查询的基础。

2. 设置参照完整性

使用参照完整性的目的是防止出现孤立记录并保持参照同步,以便不会有任何记录参照已不存在的其他记录。实施后,Access 将拒绝违反表关系参照完整性的任何操作,如拒绝更改参照目标的更新,以及拒绝删除参照目标。

如果启用"实施参照完整性"复选框,实施了参照完整性后,如果值在主表的主键字段中不存在,则不能在相关表外键字段中输入值。而如果一个记录在相关的表中存在匹配的记录,则不能从主表中删除该记录,也不能在主表中更改其主键值。

如果启用"级联删除相关记录"复选框,可以在操作中删除主记录及相关表中的所有相关记录。

如果启用"级联更新相关字段"复选框,可以在操作中更新主记录及相关表中的所有相关记录。

3. 如何定义一对多或一对一关系

要创建一对多或一对一关系,请按照下列步骤操作:

(1) 关闭已打开的所有表。无法创建或修改打开的表之间的关系。

(2) 在"数据库工具"选项卡上,单击"关系"按钮,如图 2-40 所示。

图 2-40 "关系"按钮

(3) 如果尚未在数据库中定义任何关系,则"显示表"对话框自动显示。如果要添加想要相关的表,但"显示表"对话框未显示,请单击"关系"菜单上的"显示表"按钮,如图 2-41 所示。

第 2 章　Access 数据库与表

图 2.41　"显示表"按钮

(4) 双击要相关的表的名称，然后关闭"显示表"对话框。要在表与其自身之间创建关系，请将该表添加两次。

(5) 将要相关的字段从一个表中拖至另一个表中的相关字段。要拖动多个字段，请按住 Ctrl 键并单击每个字段，然后拖动它们。大多数情况下，须将主键字段从一个表中拖至另一个表的相关字段(通常具有相同名称)。

(6) "编辑关系"对话框将出现。确保显示在两列中的字段名称是正确的。必要时可以更改它们，如图 2-42 所示。

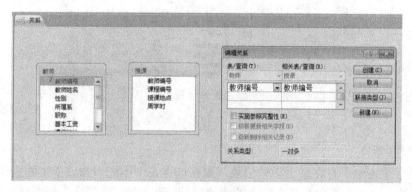

图 2-42　编辑关系

(7) 设置参照完整性，单击"创建"按钮创建关系，结果如图 2-43 所示。

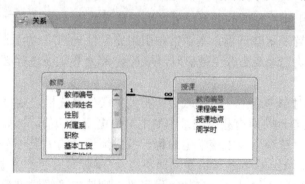

图 2-43　设置表间关系

(8) 对要相关的每一对表重复步骤(5)到步骤(7)。

4. 如何创建多对多关系

(1) 创建两个将具有多对多关系的表。

(2) 创建称为连接表的第三个表，然后向连接表中添加与其他两个表中每个表内的主键字段具有相同定义的新字段。在连接表内，主键字段作为外键。与其他任何表一样，可以向连接表中添加其他字段。如学生与课程之间是多对多关系，则须创建连接表选课表，在该表中既有与学生表相关的字段"学号"，又有与课程表相关的字段"课程编号"。

(3) 在连接表中，设置主键以包括其他两个表中的主键字段。例如，在连接表"选课"中，主键将由"学号"和"课程编号"字段组成。

注意：要创建多字段主键，在表设计视图下，要选择多个字段，按住 Ctrl 键，然后单击每个字段的行选择器，单击"设计"选项卡上"工具"组中的"主键"。

(4) 在两个主表中的每一个主表与连接表之间定义一个一对多关系，并实施参照完整性，如图 2-44 所示。

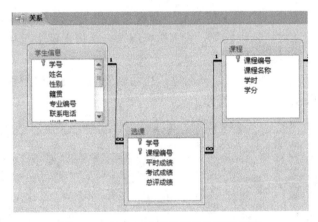

图 2-44　学生、课程多对多关系的设置

实施参照完整性：
- 如果学生表中不存在某个学生记录，则在选课表中不能添加该学生的选课记录。
- 如果在"选课"表中有某个学生的成绩记录，则不能从"学生"表中删除该学生记录。
- 如果在"选课"表中有某个学生的成绩记录，则不能在"学生"表中更改此学生的学号。

级联更新和删除

对于强制执行了引用完整性的关系，可以指定是否希望 Access 自动级联更新或级联删除相关的记录。如果设置了这些选项，则通常由引用完整性规则阻止的删除和更新操作将能够进行。当在主表中删除记录或更改主键值时，Access 将对相关表进行必要的更改以保持引用完整性。

如果在定义关系时单击选中了"级联更新相关字段"复选框，则每当更改主表中记录的主键时，Access 就会自动将所有相关记录中的主键值更新为新值。例如，如果更改"学生"表中的学生学号，则"选课"表中该学生的每一条成绩记录的"学号"字段都会自动更新，这样就不会破坏关系。Access 执行级联更新时不显示任何消息。

注意：如果主表中的主键是一个自动编号字段，则选中"级联更新相关字段"复选框将不起作用，因为不能更改自动编号字段中的值。

如果在定义关系时选中了"级联删除相关记录"复选框，则每当删除主表中的记录时，Access 就会自动删除相关表中的相关记录。例如，如果从"学生"表中删除一个学生记录，则该学生的所有选课记录会自动从"选课"表中删除。当在选中"级联删除相关记录"复选框的情况下从窗体或数据表中删除记录时，Access 会警告相关记录也可能会被删除。然而，当使用删除查询删除记录时，Access 将自动删除相关表中的记录而不显示警告。

2.3.5 建立索引

对于数据库来说，查询和排序是常用的两种操作，为了能够快速查找到指定的记录，通常需要建立索引来加快查询和排序的速度。也就是说，为某一字段建立索引，可以显著加快以该字段为依据的查找、排序和查询等操作。建立索引就是要指定一个字段或多个字段，按字段的值将记录按升序或降序排列，然后按这些值来检索。可设为索引的字段数据类型是文本、数字、货币、日期/时间，主键字段会自动索引，但OLE对象和备注等不能设置索引。

1．通过字段属性创建索引

【例2-3】 在"教务管理"数据库中对"学生信息"表通过字段属性创建索引。

具体操作步骤如下。

(1)打开"教务管理"数据库，从导航窗格中打开"学生信息"表。

(2)单击"视图"按钮进入表设计视图，选择"学号"字段，该字段已设为关键字，此时字段的"索引"属性为"有(无重复)"。

(3)选择"姓名"字段，设置"姓名"字段的"索引"属性为"有(有重复)"，如图 2-45 所示。

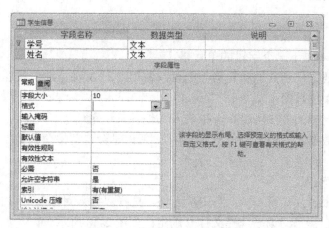

图 2-45 "姓名"字段的索引

2．通过索引设计器创建索引

创建字段索引除了可以在设计视图中通过字段属性设置以外，还可以通过专门的索引设计器来设置。

【例2-4】 使用索引设计器，在"学生信息"表中为"专业编号"字段建立索引。

具体操作步骤如下。

(1)打开"教务管理"数据库，从导航窗格双击打开"学生信息"表。

(2)单击"视图"按钮进入表设计视图，在"表格工具/设计"选项卡下单击"索引"按钮。

(3)系统将弹出索引设计器，可以看到索引设计视图中已经存在之前设置的索引，如图 2-46 所示。

(4)在"索引名称"栏中输入设置的索引名称"专业"，在"字段名称"栏中选择"专业编号"，"排序次序"栏选择"升序"，如图 2-47 所示。

图 2-46 已有索引

图 2-47 设置新索引

2.3.6 向表中输入数据

在建立好表结构并设置好表间关系以后，可以向表中输入数据了，将表视图切换到"数据表视图"下，按照所设置的数据类型、有效性规则、查阅字段、计算字段等输入数据。

第一步：在导航栏中，双击打开"学生信息"表。

第二步：在默认情况下，Access 2010 在数据表视图中打开。

第三步：刚建立好的数据表没有任何数据，单击要使用的第一个字段或者将焦点放到该字段上，然后输入数据即可。

第四步：要移动到同一个记录行中的下一个字段，可以使用以下 3 种方法：

- 按 Tab 键
- 使用向右方向键
- 直接用鼠标单击下一个字段的单元格。

第五步：如果要定位到其他单元格，则可以使用以上 3 种方法。按照以上方法即可继续输入记录中的其他字段数据。

第六步：按照同样的方法可以在表中输入其他各条记录信息。

在输入或更改数据时，不需要单击"保存"，新信息会自动提交到数据库，只需要将焦点移到其他记录。

如 OLE 对象的输入。

例如，插入一张照片。第一步：右击单元格，选择"插入对象"。第二步：在弹出的对话框中，选择由文件创建—浏览—选择文件—确定。如图 2-48 所示。

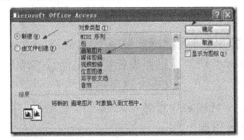

图 2-48

2.4 编 辑 表

2.4.1 修改表结构

修改表结构的操作主要包括增加字段、删除字段、修改字段、重新设置主键等。

1. 添加字段

在表中添加一个新字段不会影响其他字段和现有数据，但利用该表建立的查询、窗体或报表，新字段不会自动加入，需要手工添加上去。

可以使用两种方法添加字段。第一种是用"设计"视图打开需要添加字段的表，然后将光标移动到要插入新字段的位置，单击工具栏上的"插入行"按钮，在新行的"字段名称"列中输入新字段名称，确定新字段数据类型。第二种是用"数据表"视图打开需要添加字段的表，然后选择"插入"菜单中的"列"命令，再双击新列中的字段名"字段1"，为该列输入唯一的名称。

2. 修改字段

修改字段包括修改字段的名称、数据类型、说明、属性等。在"数据表"视图中，只能修改字段名，如果要改变其数据类型或定义字段的属性，需要切换到"设计"视图进行操作。具体方法是用表"设计"视图打开需要修改字段的表，如果要修改某字段名称，则在该字段的"字段名称"列中，单击鼠标左键，然后修改字段名称；如果要修改某字段数据类型，则单击该字段"数据类型"列右侧向下的箭头按钮，然后从打开的下拉列表中选择需要的数据类型。

在 Access 中，"数据表"视图中字段列顶部的名称可以与字段的名称不同。因为"数据表"视图中字段列顶部显示的名称来自于该字段的"标题"属性。如果"标题"属性中为空白，"数据表"视图中字段列顶部将显示对应字段的名称；如果"标题"属性中输入了新名称，该新名称将显示在"数据表"视图中相应字段列的顶部。

3. 删除字段

与添加字段操作相似，删除字段也有两种方法。第一种是用表"设计"视图打开需要删除字段的表，然后将光标移到要删除字段行上；如果要选择一组连续的字段，可将鼠标指针拖过所选字段的字段选定器；如果要选择一组不连续的字段，可先选中要删除的某一个字段的字段选定器，然后按下 Ctrl 键不放，再单击每一个要删除字段的字段选定器，最后单击工具栏上的"删除行"按钮。第二种是用"数据表"视图打开需要删除字段的表，选中要删除的字段列，然后选择"编辑"菜单中的"删除列"命令。

4. 重新设置主键

如果已定义的主键不合适，可以重新定义。重新定义主键需要先删除已定义的主键，然后再定义新的主键，具体操作步骤如下：

(1) 使用"设计"视图打开需要重新定义主键的表。

(2) 单击主键所在行字段选定器，然后单击工具栏上的"主键"按钮。完成此步操作后，系统将取消以前设置的主键。

(3) 单击要设为主键的字段选定器，然后单击工具栏上的"主键"按钮，这时主键字段选定器上显示一个"主键"图标，表明该字段是主键字段。

【例 2-5】 将"教务管理"数据库中"学生信息"表的"政治面貌"字段改为"是否党员"，数据类型修改为"是/否"，添加"籍贯"字段。

(1) 打开"教务管理"数据库，在数据表视图中打开"学生信息"表。右击"政治面貌"字段，弹出快捷菜单，如图 2-49 所示，选择"插入字段"，重命名"字段1"为"籍贯"。

图 2-49　在数据表视图中添加字段

(2) 切换到设计视图，将"政治面貌"字段的字段名称改为"是否党员"，将"字段类型"改为"是/否"，如图 2-50 所示。

图 2-50　修改"政治面貌"字段

(3) 修改完成后保存表结构，这时弹出如图 2-51 所示提示框。单击"是"按钮完成表结构的修改。

图 2-51　修改结构确认提示框

在修改表结构时，如果修改的字段长度小于字段中已输入数据的长度，会造成数据的丢失。

2.4.2 调整表外观

1. 设置文本格式

在数据库的"开始"选项卡下的"文本格式"组中,有字体的格式、大小、颜色及对齐方式等功能按钮,如图 2-52 所示。

2. Access 2010 改变字段的高度和宽度

(1) 改变字段宽度

① 在查看 Access 2010 数据表的时候,如果不满意表的字段宽度和高度。可以在视图窗口中指定字段宽度或拖动字段列网格线来改变字段的显示列宽度。这一点与 Excel 2010 的功能相似。

第一步:将鼠标光标定位在两列字段名之间的字段分隔线上,直到光标变成双箭头符合。
第二步:向左拖动该字符列边界将使列变窄,向右拖动则可以使列宽增加。
注意:通过双击字段列的右边界来改变列的宽度,可以使之达到最佳设置。

② 在 Access 2010 中还可以使用"字段宽度"对话框改变列宽。

第一步:在数据表视图中选择某个字段,然后单击鼠标右键,在右键菜单中选择"字段宽度"命令。如图 2-53 所示。

图 2-52 "文本格式"组

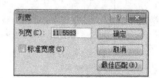

图 2-53 设置列宽

第二步:在弹出的"列宽"对话框中,输入列的宽度。选取"标准宽度"复选框可以使该字段列宽使用系统的默认尺寸,选择"最佳匹配"按钮,系统自动设置最佳列宽,见图 2-53。

重新设定列的宽度不会改变"字段大小"属性所允许的字符数,它只是简单地改变字段列所包含数据的显示空间。

③ 在"开始"选项卡的"记录"组中单击"其他"按钮,选择"字段宽度",见图 2-53,同样可以改变列的宽度。

(2) 改变字段高度

① 在数据表视图中右击表左侧的行选择区域,在弹出的快捷菜单中选择"行高",如图 2-54 所示。弹出"行高"对话框,输入行的高度,单击"确定"按钮,如图 2-55 所示。

图 2-54 行快捷菜单

图 2-55 "行高"对话框

② "开始"选项卡的"记录"组中单击"其他"按钮,选择"行高",见图 2-55,同样可以改变行的高度。

3. 在 Access 2010 中隐藏字段

Access 2010 为用户提供了"隐藏字段"和"取消隐藏字段"两个关于隐藏字段列的选项,利用其中的任一个选项都可以完成隐藏字段列的操作。

- 在数据表视图中选择某个字段,然后单击鼠标右键,在右键菜单中选择"隐藏字段"或"取消隐藏字段",如图 2-56 所示。
- 在"开始"选项卡的"记录"组中单击"其他"按钮,选择"隐藏字段"或"取消隐藏字段"命令,如图 2-57 所示。

图 2-56 字段快捷菜单

图 2-57 "开始"选项卡"记录"组

使用"隐藏列"选项时,系统会自动将数据表视图中光标所在的字段列隐藏。

使用"取消隐藏列"选项会出现"取消隐藏列"窗口,在窗口中可以勾选字段名前面的复选框来取消字段列的隐藏状态。

另外,还可以通过拖动字段列的分隔线来实现字段列的隐藏,或通过设定字段列的列宽来隐藏字段列。

4. 冻结或解冻列

Access 2010 中可以把一个或多个字段列冻结起来,这样不论用户如何查看字段,这些列总是可见的,这有点像 Excel 2010 中的冻结单元格。

第一步:单击字段列的列选择器,选定要冻结的字段列。

第二步:单击鼠标右键,在右键菜单中选择"冻结列"命令。也可以在"开始"选项卡的"记录"组中单击"其他"按钮,选择"冻结"命令,这时就会发现选定的字段列被安置在数据表视图的最左边。

第三步:如果要解冻所有的字段列,则可以在右键菜单中选择"取消对所有列的冻结"命令,或者在"开始"选项卡的"记录"组中单击"其他"按钮,选择"取消冻结"命令。

在 Access 2010 中,冻结列和解冻列这两个功能非常实用,在对数据表进行操作时可以非常方便地查看非常宽的数据库。

2.4.3 编辑表内容

编辑表的内容主要包括以下操作：定位记录、选定记录、添加记录、删除记录、修改记录和复制记录。

1. 定位记录

(1) 快速定位记录

在 Access 2010 中可快速进行记录的定位，与定位相关的操作由"开始"选项卡中"查找"选项组中的"转至"完成。当用户单击"转至"时将弹出如图 2-58 所示的菜单。

(2) 使用记录导航按钮

数据表视图中的记录导航按钮也是一种定位并浏览记录的方便操作。导航按钮位于数据表视图窗口的底部。此外，查询结果和大多数表单中也会显示这些按钮。可使用这些按钮查找数据。如图 2-59 所示。

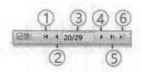

图 2-58　"转至"菜单　　　　图 2-59　记录导航按钮

① 使用"首记录"按钮可以转到表或查询结果中的第一条记录。
② 使用"上一条记录"按钮可以转到上一条记录。
③ "当前记录"框中按连续顺序列出了多条记录，其中显示了已选定的记录。此外，如果知道要查看的记录编号，可以输入该编号，按 Enter 键，然后直接转至该记录。例如，如果要查看记录号 110，请输入此编号并按 Enter 键，即可转到该记录。
④ 使用"下一条记录"按钮可以移到下一条记录。
⑤ 使用"尾记录"按钮可以移到最后一条记录。
⑥ 如果需要添加数据，则单击"新(空白)记录"按钮。

2. 选定记录

在数据表视图中，选定记录包括以下操作。
(1) 选定一行：单击记录选定器(记录左侧的按钮)。
(2) 选中一列：单击字段选定器(字段名按钮)。
(3) 选中多行：选中首行，按下 Shift 键，再选中末行，则可以选中相邻的多行记录。
(4) 选中多列字段：选中首字段，按下 Shift 键，再选中末列字段，则可以选中相邻的多列字段。
(5) 选择整个字段：把鼠标指针移动到数据表中字段的左边缘，鼠标指针变为空十字形状，单击鼠标即可选中整个字段。

3. 添加记录

打开数据库，从导航窗格中打开需要添加记录的表，在数据表视图中单击空白单元格，输入要添加的记录。或单击"记录"导航中的"新(空白)记录"按钮，输入记录数据，如图 2-60 所示。

4. 修改记录

在数据表视图中,将光标定位到需要修改数据的位置,就可以修改该位置的数据信息了。

5. 复制记录

在数据表视图中,选中要复制的数据,单击"开始"选项卡"剪贴板"组中的"复制"按钮,将光标移到要放置数据的位置,再单击"粘贴"按钮,即可完成复制记录操作。也可选中要复制的数据,并右击,在弹出的如图2-44所示的快捷菜单中进行操作。

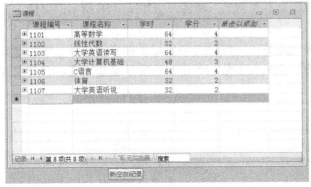

图2-60 添加新记录　　　　　　　图2-61 快捷菜单

2.5 使 用 表

数据表建好后,常常需要根据实际需求,对表中数据进行排序、筛选、查找和替换等操作。

2.5.1 查找与替换

在操作数据库表时,如果表中存放的数据非常多,那么当希望查找某一数据时就比较困难。Access 2010 提供了非常方便的查找功能,使用它可以快速地找到所需要的数据。

前面已经介绍了定位记录,实际上,它也是一种查找记录的方法。虽然这种方法简单,但多数情况下,在查找数据之前并不知道所要找的数据的记录号和位置。因此,这种方法并不能满足更多的查询要求。

Access 2010 实现查找和替换功能是通过"开始"选项卡中的"查找"组实现的,如图2-62所示。

打开要查找数据的表后,当用户单击"查找"按钮或按快捷键 Ctrl+F 时,弹出如图2-63所示的"查找和替换"对话框,用户可在该对话框中输入查找条件,进行数据的查找。

如果需要也可以在"查找范围"下拉列表框中选择"整个表"作为查找的范围。注意,"查找范围"下拉列表中所包括的字段为在进行查找之前控制光标所在的字段。用户最好在查找之前将控制光标移到所要查找的字段上,这样比对整个表进行查找可以节省更多时间。在"匹配"下拉列表中,除图2-63所示内容外,也可以选择其他的匹配部分,如"字段任何部分""字段开头"等。

第 2 章　Access 数据库与表

图 2-62　"查找"组

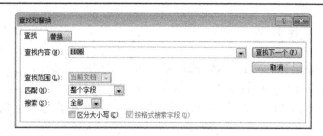

图 2-63　"查找"选项卡

当用户单击"替换"按钮或按快捷键 Ctrl+H 时，弹出如图 2-64 所示"替换"选项卡，用户可在对话框中进行替换操作。

图 2-64　"替换"选项卡

用户在指定查找内容时，如果希望在只知道部分内容的情况下对数据表进行查找，或者按照特定的要求查找记录，可以使用通配符作为其他字符的占位符。

通常使用的通配符有问号(?)和星号(*)，代表任意单个字符和任意个数的字符，注意，在使用通配符时，必须将符号放在方括号内。例如，搜索问号，在"查找内容"输入框中输入"?"符号。

2.5.2　记录排序

记录排序相关的操作在"开始"选项卡的"排序和筛选"组中，如图 2-65 所示。

在 Access 2010 中，数据表中记录默认的显示顺序是按照关键字的升序，但在有些情况下需要查看不同的显示顺序，即需要排序。若按"出生日期"升序对"学生"表进行排序，将光标定位到"学生信息"表的"出生日期"字段，单击"排序和筛选"组中的"升序"按钮，排序结果如图 2-66 所示。

图 2-65　"排序和筛选"组

图 2-66　排序结果

2.5.3 记录筛选

如希望只显示满足条件的数据,可以采用筛选功能。

【例 2-6】 只显示"学生信息"表中党员学生的信息。

(1)单击"是否党员"字段右侧的下拉箭头。在弹出的如图 2-67 所示的界面中选择"True"复选框。

(2)单击"确定"按钮,完成筛选,结果如图 2-68 所示,可以看到显示的都是学生党员的信息,同时在"是否党员"字段的右侧有一个筛选标志。

图 2-67 筛选字段

图 2-68 筛选结果

还可以利用时间筛选器、文本筛选器、数字筛选器进行更精准的筛选,如在成绩表中要查看 80~90 分数段的同学的成绩,可以用数字筛选器的期间功能完成,如图 2-69 所示。

图 2-69 数字筛选器

小　　结

本章知识回顾:

1. 通过对 Access 数据库的操作理解数据库和表的基本概念;
2. Access 数据库的组成、界面及对象;
3. 创建数据库的基本方法,数据库的打开、转换和备份;
4. Access 数据类型、表结构的概念,创建表的方法,掌握创建主键和索引、建立有效性规则的方法;
5. 表结构的修改、编辑表内容、记录排序、记录筛选的方法;
6. 表之间关系的建立。

第3章 查　　询

在设计数据库时，常常把数据进行分类再分别存放在多个表中，但在使用时需要检索一个或多个表中符合条件的数据。查询实际上就是将这些分散的数据再集中起来。

查询是 Access 2010 数据库的主要对象，是 Access 2010 数据库的核心操作之一。利用查询可以直接查看表中的原始数据，也可以对表中数据计算后再查看，还可以从表中抽取数据，供用户对数据进行修改、分析。查询的结果可以作为查询、窗体、报表、页的数据来源，从而增强了数据库设计的灵活性。

3.1 查询概述

3.1.1 查询的功能

查询就是以数据库中的数据为数据源，根据给定的条件从指定的数据库的表或已有的查询中检索出符合用户要求的记录数据，形成一个新的数据集合。查询是一张"虚表"，是动态的数据集合，它随着查询所依据的表或查询的数据的改动而变动。

查询的数据来源于表或其他已有查询。每次使用查询时，都是根据查询准则从数据源表中创建动态的记录集合。这样做一方面可以节约存储空间，因为 Access 数据库文件中保存的是查询准则，而不是记录本身；另一方面可以保持查询结果与数据源中数据的同步。

查询主要有以下几个方面的功能。

(1) 选择字段：选择表中的部分字段生成所需的表或多个数据集。
(2) 选择记录：根据指定的条件查找所需的记录，并显示查找的记录。
(3) 编辑记录：添加记录、修改记录和删除记录(更新查询，删除查询)。
(4) 实现计算：查询满足条件的记录，还可以在建立查询过程中进行各种计算(计算平均成绩，年龄等)。
(5) 建立新表：操作查询中的生成表查询可以建立新表。
(6) 为窗体和报表提供数据：可以作为建立查询、报表和窗体对象的数据源。

3.1.2 查询的类型

根据对数据源的操作方式及查询结果的不同，Access 2010 提供的查询可以分为 5 种类型，分别是选择查询、交叉表查询、参数查询、操作查询和 SQL 查询。

1. 选择查询

选择查询是根据指定的条件，从一个或多个表中获取数据并显示结果。还可以利用查询条件对记录进行分组，并且对分组的记录进行求和、计数、求平均值以及其他类型的计算。选择查询包括简单选择查询、统计查询、重复项查询和不匹配项查询等几类。选择查询产生的结果是一个动态的记录集，不会改变源数据表中的数据。

2. 交叉表查询

交叉表查询是对基表或查询中的数据进行计算和重构，以方便分析数据。这是一种可以将表中数据看成字段的查询方法。交叉表查询将来源于某个表中的字段进行分组，一组列在数据表的左侧，另一组列在数据表的上部，然后在数据表行与列的交叉处显示表中某个字段各种统计值，如求和、求平均值、统计个数、求最大值和最小值等。

3. 参数查询

参数查询是一种特殊的选择查询，即将用户输入的参数作为查询的条件。输入不同的参数，将得到不同的结果。执行参数查询时，屏幕将显示提示信息对话框。用户根据提示输入相关信息后，系统会根据用户输入的信息执行查询，找出符合条件的信息。参数查询分为单参数查询和多参数查询两种。执行查询时，只需要输入一个条件参数的称为单参数查询；而执行查询时，针对多组条件，需要输入多个参数条件的称为多参数查询。

4. 操作查询

操作查询是利用查询所生成的动态结果集对表中的数据进行更新的一类查询。可以对表中的数据进行追加、修改、删除和更新。操作查询包括以下 4 种。

(1) 删除查询：从一个或多个表中删除一组符合条件的记录。
(2) 更新查询：对一个或多个表中的一组符合条件的记录批量修改某字段的值。
(3) 追加查询：将一个或多个表中的一组符合条件的记录添加到另一个表的末尾。
(4) 生成表查询：将查询的结果转存为新表。

5. SQL 查询

SQL (Structured Query Language) 是一种结构化查询语言，是数据库操作的工业化标准语言，使用 SQL 语言可以对任何数据库管理系统进行操作。所谓的 SQL 查询就是通过 SQL 语言来创建的查询。在查询设计视图中创建任何一个查询时，系统都将在后台构建等效的 SQL 语句。大多数查询功能也都可以直接使用 SQL 语句来实现。有一些无法在查询设计视图中创建的 SQL 查询称为"SQL 特定查询"。SQL 特定查询包括以下几种。

(1) 联合查询：联合查询是将多个表或查询中的字段合并到查询结果的一个字段中。使用联合查询可以合并多个表中的数据，并可以根据联合查询生成一个新表。
(2) 传递查询：传递查询可以直接将命令发送到 ODBC 数据库服务器中，而不需要事先建立链接。利用传递查询可以直接使用其他数据库管理系统中的表。
(3) 数据定义查询：利用数据定义查询可以创建、删除或更改表，或者在数据库表中创建索引。
(4) 子查询：是包含在另一个查询之内的 SQL-SELECT 语句，即嵌套在查询中的查询。

传递查询、数据定义查询和联合查询不能在设计视图中创建，必须直接在 SQL 视图中输入相应的 SQL 语句。创建子查询可以直接在 SQL 视图中输入相应的 SQL 语句，或在设计视图的"字段"或"条件"行中输入 SQL 语句，即将子查询作为查询的条件。

3.1.3 查询视图

Access 2010 的查询主要有 5 种视图，分别是数据表视图、设计视图、SQL 视图、数据透视表视图和数据透视图视图。当进行查询设计时，可以通过"设计"选项卡"结果"组中的"视图"按钮相互切换，如图 3-1 所示。

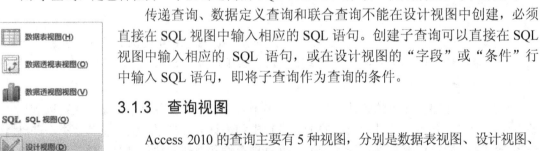

图 3-1 查询 5 种视图

查询有 5 种视图，分别是：设计视图、数据表视图、SQL 视图、数据透视表视图和数据图视图。

1. 设计视图

设计视图即查询设计器，如图 3-2 所示，通过该视图可以创建除 SQL 之外的各种类型的查询。

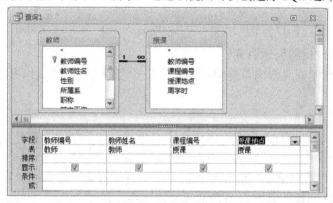

图 3-2　查询设计视图

2. 数据表视图

数据表视图是查询的数据浏览器，用于查看查询运行的结果。如图 3-3 所示。

查询的"数据表"视图与表的"数据表"视图很相似，但在查询数据表中无法加入或删除列，而且不能修改查询字段的字段名。这是因为查询生成数据是动态地从表对象中抽取的，是一张"虚表"。在查询的数据表中，虽然不能插入列，但是可以移动列。而且在查询的数据表中可以改变列宽和行高，也可以隐藏和冻结列，还可以进行排序和筛选。另外，在查询中用户还可以运用各种表达式对表中的数据进行计算，生成新的查询字段。

图 3-3　查询数据表视图

3. SQL 视图

SQL 视图是查看和编辑 SQL 语句的窗口，用于查看和编辑用查询设计器创建的查询所产生的 SQL 语句。如图 3-4 所示。

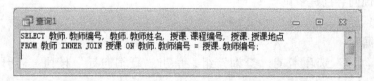

图 3-4　查询 SQL 视图

4. 数据透视表视图和数据图视图

在此两种视图中，可以根据需要生成数据透视表或数据透视图，从而得到直观的数据分析结果。

3.1.4 创建查询的方法(界面方法)

在 Access 2010 中，创建查询的方法(界面方法)主要有查询设计器和查询向导两种。

1. 使用查询设计视图创建查询

使用查询设计视图创建查询首先要打开查询设计视图窗口，然后根据需要进行查询定义。操作步骤如下：

① 打开数据库。

② 在"创建"选项卡的"查询"组中单击"查询设计"按钮，打开查询设计器窗口。

③ 在打开查询设计视图窗口的同时弹出"显示表"对话框。

④ 在"显示表"对话框中，选择作为数据源的表或查询，将其添加到查询设计器窗口的数据源窗格中。在查询设计器窗口的查询定义窗口中，通过"字段"列表框选择所需字段，选中的字段将显示在查询定义窗口中。

⑤ 在查询设计器窗口的查询定义窗口中，打开"排序"列表框，可以指定查询的排序关键字和排序方式；排序方式分为升序、降序和不排序三种。

⑥ 使用"显示"复选框可以设置某个字段是否在查询结果中显示，若复选框被选中，则显示该字段，否则不显示；

⑦ 在"条件"文本框中输入查询条件，或者利用表达式生成器输入查询条件；

⑧ 保存查询，创建查询完成。

查询"设计"视图，分上下两半部分。上半部分是表或查询显示区，排列着在"显示表"对话框中选择的表或查询，以及这些表之间的关系；下半部分是查询设计网格，用来指定查询所用的字段、排序方式、是否显示、汇总计算和查询条件等。

查询设计网格的每一非空白列对应着查询结果中的一个字段。网格的行标题表明了字段在查询中的属性或要求。

字段：设置字段或字段表达式，用于限制在查询中使用的字段。

表：指定所选定的字段来源于哪张表。

排序：确定是否按字段排序，以及按何种方式排序。

显示：确定是否在数据表中显示该字段。若在显示行有"对钩"标记，则表明在查询结果中显示该字段内容，否则将不显示其内容。

条件：指定查询的限制条件。通过指定条件，限制在查询结果中可以出现的记录或限制在计算中可以出现的记录。

或：指定逻辑"或"关系的多个限制条件。

2. 使用查询向导创建查询

操作步骤如下：

① 打开数据库；

② 选择"创建"选项卡的"查询"组，单击"查询向导"按钮，打开"新建查询"对话框；

③ 在"新建查询"对话框中，选择需要的查询向导，根据系统引导选择参数或者输入信息；
④ 保存查询。

Access 2010 提供了 4 种类型的查询向导：简单查询向导、交叉表查询向导、查找重复项查询向导、查找不匹配项查询向导。

3.1.5 查询条件的设置

在实际应用中，经常查询满足某个条件的记录，这需要在查询时进行查询条件的设置。通过在查询设计视图中设置条件可以实现条件查询，而查询条件是通过输入表达式来表示的。

表达式是由操作数和运算符构成的可计算的式子。其中操作数可以是常量、变量、函数，甚至可以是另一个表达式(子表达式)；运算符是表示进行某种运算的符号，包括算术运算符、关系运算符、逻辑运算符、连接运算符、特殊运算符和对象运算符等，表达式具有唯一的运算结果。下面对表达式的各个组成部分进行介绍。

1. 常量

常量代表不会发生更改的值。按其类型的不同有不同的表示方法，Access 2010 中包括数字型常量、文本型常量、日期型常量和是/否型常量 4 种。如表 3-1 所示。

表 3-1 常量

类　型	表 示 方 法	示　例
数字型	直接输入数据	123，−4−56.7
日期时间型	以"#"为定界符	#2013-9-18#
文本型	以西文半角的单引号或双引号为定界符	"Hello Word"
是/否型	用系统定义的符号表示	True，False；Yes，No；On，Off；−1，0

2. 变量

变量是指在运算过程中其值允许变化的量。在查询的条件表达式中使用变量就是通过字段名对字段变量进行引用，一般需要使用[字段名]的格式，如[姓名]。如果需要指明该字段所属的数据源，则要写成[数据表名]![字段名]的格式。其他类型变量及其引用参见 VBA 编程部分的内容。

3. 运算符

运算符是表示进行某种运算的符号，包括算术运算符、关系运算符、逻辑运算符、连接运算符和特殊运算符等。

(1) 算术运算符

算术运算符包括加(+)、减(−)、乘(*)、除(/)、乘方(^)、整除(\)、取余(Mod)等，主要用于数值计算，如表 3-2 所示。

表 3-2 算术运算符

运 算 符	功　能	数学表达式	Access 表达式
^	一个数的乘方	X^5	X^5
*	两个数相乘	XY	X*Y
/	两个数相除	5÷2	5/2 结果为 2.5
\	两个数整除(不四舍五入)	5÷2 取整	5/2 结果为 2

续表

运算符	功能	数学表达式	Access 表达式
Mod	两个数取余	5÷2 取余	5 Mod 2 结果为 1
+	两个数相加	X+Y	X+Y
−	两个数相减	X−Y	X−Y

(2) 关系运算符

关系运算符由符号=、>、>=、<、<=、<>构成，主要用于数据之间的比较，其运算结果为逻辑值，即"真"和"假"。如表 3-3 所示。

表 3-3　关系运算符

运算符	功能	举例	例子含义
<	小于	<100	小于 100
<=	小于等于	<=100	小于等于 100
>	大于	>#99-01-01#	大于 1999 年 1 月 1 日
>=	大于等于	>="97105"	大于等于 "97105"
=	等于	="刘莉雅"	等于 "刘莉雅"
<>	不等于	<>"男"	不等于 "男"

(3) 逻辑运算符

逻辑运算符由符号 And、Or、Not、Xor、Eqv 构成，具体含义如表 3-4 所示。

表 3-4　逻辑运算符

逻辑运算符	作用
Not	逻辑非
And	当 And 前后的两个表达式均为真时，整个表达式的值为真，否则为假
Or	当 Or 前后的两个表达式均为假时，整个表达式的值为假，否则为真

(4) 连接运算符

连接运算符包括 "&" 和 "+"。如表 3-5 所示。

表 3-5　连接运算符

字符串运算符	说明
+	两边的操作数必须都是字符型
&	★两边的操作数可以是字符型或数值型 ★在进行连接操作前先进行操作数类型的转换，即转换为字符型

"&"：如表达式"Access"&"2010"，运算结果为"Access2010"；

"+"：当前后两个表达式都是字符串时，与 "&" 作用相同。

当前后两个表达式有一个或者两个都是数值表达式时，则进行加法算术运算。

例如：①表达式"Access"+"2010"，运算结果为"Access2010"。

②表达式"Access"+2010，运算结果为提示"类型不匹配"。

③表达式"1"+2013，运算结果为 2014。

(5) 特殊运算符

Access 提供了一些特殊运算符，用于对记录进行过滤，常用的特殊运算符如表 3-6 所示。

表 3-6 特殊运算符

运算符	说 明
In	用于指定一个字段值的列表，列表中的任意一个值都可与查询的字段相匹配
Between	用于指定一个字段值的范围。指定的范围之间用 And 连接
Like	用于指定查找文本字段的字符模式。在所定义的字符模式中，可以使用统配符 "?" "*" "#" "[ ]"
Is Null	用于指定一个字段为空
Is Not Null	用于指定一个字段为非空

举例如下：

Between	Between 10 and 20	在 10～20 之间
In	IN ("China","Japan","France")	为三个国家中的一个
Like	Like "Ma*"	以 "Ma" 开头的字符串

几点说明：

① 所谓的 Null 是指该字段中没有输入任何值。

② 当在文本字段中输入了空字符串后，表中也无任何显示，但该字段并不是 Null 值。

③ Access 提供的通配符如表 3-7 所示。

表 3-7 通配符

通配符	功 能	举 例	
*	表示任何数目的字符，可以用在字符串的任何地方	Wh*	可以通配 What，When，While 等
		*at	可以通配 cat，bat，what 等
?	表示任何单个字符或单个汉字	B?ll	可以通配 Ball，Bell，Bill 等
#	表示任何一位数字	1#3	可以通配 103，113，123 等
[ ]	表示括号内的任何单一字符	B[ae]ll	可以通配 Ball，Bell，但不包括 Bill
!	表示任何不在这个列表内的单一字符	B[! ae]ll	可以通配 Bill，Bull 等，但不包括 Ball，Bell
-	表示在一个以递增顺序范围内的任何一个字符	B[a-e]d	可以通配 Bad，Bbd，Bcd，Bed

4．函数

函数是用来实现某指定的运算或操作的一个特殊程序。一个函数可以接收输入参数（并不是所有函数都有输入参数），且返回一个特定类型的值。

函数一般都用于表达式中，其使用格式为：函数名([实际参数列表])。当函数的参数超过一个时，各参数间用西文半角 "，" 隔开。

函数分为系统内置函数和用户自定义函数。Access 2010 提供了上千个标准函数，可分为数学函数、字符串处理函数、日期/时间函数、聚合函数等，其中聚合函数可直接用于查询中。如表 3-8～表 3-10 所示。

表 3-8 数学函数

函 数	说 明	示 例	返 回 值
Abs(x)	返回 x 的绝对值	Abs(−2)	2
Int(x)	返回不大于 x 的最大整数	Int(2.6)	2
		Int(−2.6)	−3
Fix(x)	返回 x 的整数部分	Fix(2.3)	2
Srq(x)	返回 x 的平方根值	Srq(9)	3
Sgn(x)	返回 x 值的符号。1 代表正数；0 代表 0；−1 代表负数	Sgn(−9)	−1
		Sgn(9)	1
		Sgn(0)	0

表 3-9 字符串函数

函 数	说 明
Space(<n>)	返回由 n 个空格组成的字符串
String(<n>,<字符表达式>)	返回一个由字符表达式的第 1 个字符重复组成的长度为 n 的字符串
Left(<字符表达式>,<n>)	从字符表达式左侧第 1 个字符开始，截取 n 个字符
Right(<字符表达式>,<n>)	从字符表达式右侧第 1 个字符开始，截取 n 个字符
Mid(<字符表达式>,<$n1$>[,<$n2$>])	从字符表达式左边 $n1$ 位置开始，截取 $n2$ 个字符
Len(<字符表达式>)	返回字符表达式的字符个数

表 3-10 日期时间函数

函数格式	说 明
Day(<日期表达式>)	返回日期表达式日期的整数（1～31）
Month(<日期表达式>)	返回日期表达式月份的整数（1～12）
Year(<日期表达式>)	返回日期表达式年份的整数
Hour(<时间表达式>)	返回时间表达式的小时数（0～23）
Date()	返回当前系统日期
Time()	返回当前系统时间
Now()	返回当前系统日期和时间

3.2 创建选择查询

选择查询是最常见的一类查询，很多数据库查询功能均可以用它来实现。所谓"选择查询"就是从一个或多个有关系的表中将满足要求的数据选出来，并把这些数据显示在新的查询数据表中。而其他的方法，如"交叉表查询""参数查询"和"操作查询"等，都是"选择查询"的扩展。使用选择查询可以从一个或多个表或查询中检索数据，可以对记录进行分组，并进行求总计、计数、平均值等运算。选择查询产生的结果是一个动态记录集，不会改变源数据表中的数据。

3.2.1 使用查询向导

借助"简单查询向导"可以从一个表、多个表或已有查询中选择要显示的字段，也可对数值型字段的值进行简单汇总计算。如果查询中的字段来自多个表，这些表之间应已经建立了关系。简单查询的功能有限，不能指定查询条件或查询的排序方式。但它是学习建立查询的基本方法，因此，使用"简单查询向导"创建查询，用户可以在向导的指示下选择表和表中的字段，快速准确地建立查询。

1. 建立单表查询

【例 3-1】查询学生的基本信息，并显示学生的姓名、性别、出生日期等信息。

具体操作步骤如下：

① 在"创建"选项卡的"查询"组中单击"查询向导"按钮，打开"新建查询"窗口，如图 3-5 所示。

② 在"新建查询"窗口中选择需要的简单查询向导，单击"确定"按钮，弹出"简单查询向导"对话框，如图 3-6 所示。

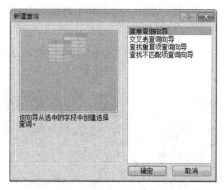

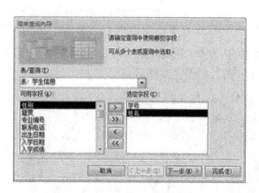

图 3-5　"新建查询"对话框　　　　　图 3-6　在简单查询向导中确定表

③ 在该对话框"表/查询"下拉列表中选择"表：学生信息"，这时学生信息表的全部字段显示在可用字段列表框中，如图 3-6 所示。双击学号、姓名、性别、出生日期、专业编号等字段，可以将选中字段添加到"选定字段"列表框中，单击"下一步"按钮，输入查询名称"单表查询示例"，如图 3-7 所示。

④ 选中"打开查询查看信息"，单击"完成"按钮，查看查询结果，如图 3-8 所示。

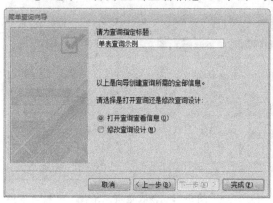

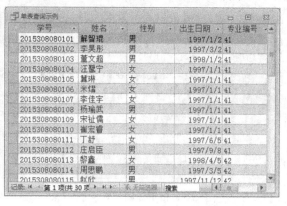

图 3-7　指定标题　　　　　　　　图 3-8　单表查询示例结果

2. 建立多表查询

有时，用户所需查询的信息来自两个或两个以上的表或查询，因此，需要建立多表查询。建立多表查询必须有相关联的字段，并且事先应通过这些相关联的字段建立起表之间的关系。

【例 3-2】　查询学生的课程成绩，显示的内容包括学号、姓名、课程编号、课程名称、和分数。

具体操作步骤如下：

① 在"创建"选项卡的"查询"组中单击"查询向导"按钮，打开"新建查询"窗口。

② 在"新建查询"窗口中选择需要的简单查询向导，单击"确定"按钮，弹出"简单查询向导"对话框，如图 3-6 所示。

③ 在该对话框"表/查询"下拉列表中选择"表：学生信息"，这时学生信息表的全部字

段显示在可用字段列表框中,如图 3-6 所示。双击"学号""姓名"字段,将其添加到"选定字段"列表框中。

④ 重复上一步,将"课程"表中的"课程编号""课程名称"字段和"选课"表中的"分数"字段添加到"选定字段"列表框中,如图 3-9 所示。单击"下一步"按钮,在图 3-10 所示对话框中选择"明细(显示每个记录的每个字段)",单击"下一步"按钮,输入查询名称"多表查询示例",如图 3-11 所示。

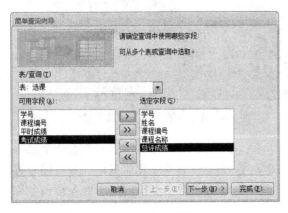

图 3-9 选定字段　　　　　　　　　图 3-10 采用明细查询

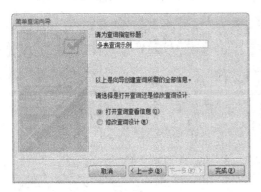
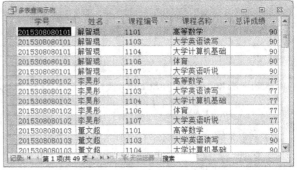

图 3-11 指定标题　　　　　　　　　图 3-12 多表查询结果

⑤ 选中"打开查询查看信息",单击"完成"按钮,查看查询结果。如图 3-12 所示。

3. 查找重复项查询向导

"查找重复项查询向导"可以快速找到表中重复字段值的记录。

【例 3-3】 在"学生"表中查询姓名重名的学生的所有信息。

操作步骤如下:

① 在"创建"选项卡的"查询"组中单击"查询向导"按钮,打开"新建查询"窗口;

② 在"新建查询"窗口中选择"查找重复项查询向导"选项,然后单击"确定"按钮,打开"查找重复项查询向导"对话框,如图 3-13 所示;

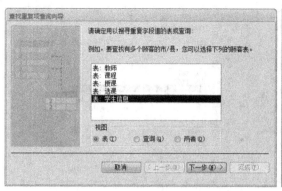
图 3-13　查找重复项向导

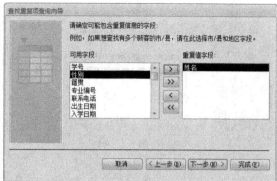
图 3-14　选择重复字段

③ 在弹出的对话框中选择"姓名"为重复字段，如图 3-14 所示，单击"下一步"按钮；

④ 选择其他要显示的字段，这里选择对话框的"可用字段"列中的所有字段移动到"另外的查询字段"列中，如图 3-15 所示，单击"下一步"按钮；

⑤ 在弹出对话框的"请指定查询的名称"文本框中输入"重名学生信息查询"，如图 3-16 所示，单击"完成"按钮，查看查询结果。

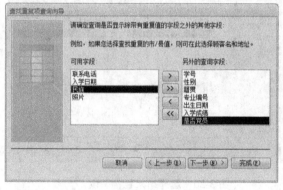
图 3-15　选择其他显示字段

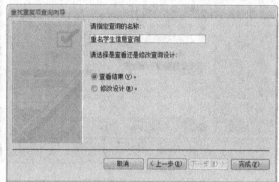
图 3-16　指定标题

4. 查找不匹配项查询向导

在 Access 中，可能需要对数据表中的记录进行检索，查看它们是否与其他记录相关，是否真正有实际意义，即用户可以利用"查找不匹配项查询向导"在两个表或查询中查找不匹配的记录。

【例 3-4】　利用"查找不匹配项查询向导"创建查询，查找没有学生选修的课程信息。
具体操作步骤如下：

① 在"创建"选项卡的"查询"组中单击"查询向导"按钮，打开"新建查询"窗口。

② 在"新建查询"窗口中选择"查找不匹配项查询向导"选项，然后单击"确定"按钮，打开"查找不匹配项查询向导"对话框；

③ 在弹出的"查找不匹配项查询向导"对话框中选择"课程"表，如图 3-17 所示，单击"下一步"按钮，打开如图 3-18 所示的对话框；

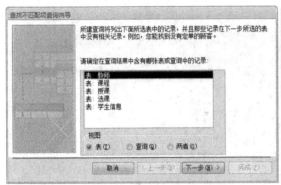
图 3-17 查找不匹配项查询向导

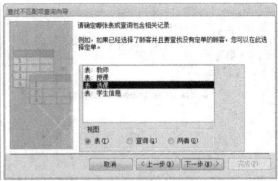
图 3-18 选择不匹配表

④ 选择与"课程"表中的记录不匹配的"选课"表,单击"下一步"按钮打开如图 3-19 所示的对话框;

⑤ 确定选取的两个表之间的匹配字段。Access 会自动根据匹配的字段进行检索,查看不匹配的记录。本例题选择"课程编号"字段,再单击"下一步"按钮;

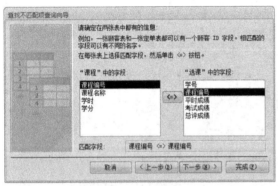
图 3-19 选择匹配字段

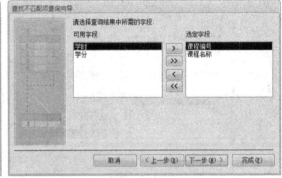
图 3-20 选择结果包含字段

⑥ 选择其他要显示的字段,这里选择对话框的"可用字段"列中的所有字段移动到"选定字段"列中,如图 3-20 所示,单击"下一步"按钮;

⑦ 在弹出对话框(如图 3-21 所示)的"请指定查询名称"文本框中输入"没有学生选修的课程查询",单击"完成"按钮,查看查询结果,如图 3-22 所示。

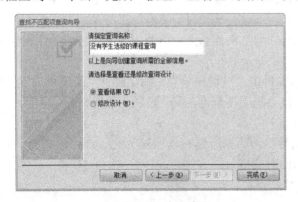
图 3-21 命名查询

图 3-22 查询结果

3.2.2 使用"设计视图"

对于简单的查询,使用向导比较方便,但是对于有条件的查询,则无法使用向导来创建,而是需要在"设计视图"中创建。

【例 3-5】 在"教务管理"数据库中,创建以下查询。

(1) 查询 1998 年以后出生的学生的学号、姓名和出生日期。
(2) 查询姓名中有"国"字的学生的姓名、性别和出生日期。
(3) 查询学号第 6 位是 2 或者 9 的学生的学号、姓名和专业编号。
(4) 查询"高等数学"课程考试分数在 60~80 之间的同学的姓名。
(5) 查询没有联系电话的教师的姓名、所属院系和职称。

操作步骤如下:

打开数据库"教务管理",选择"创建"选项卡的"查询"选项组,单击"查询设计"按钮,打开查询设计器窗口,将所需表添加到查询设计器的数据源窗格中。如图 3-23 所示。

图 3-23 显示表

(1) 查询 1998 年以后出生的学生的学号、姓名和出生日期。

① 将字段"学号""姓名"和"出生日期"添加到查询定义窗口中,对应"出生日期"字段,在"条件"行输入">=#1998-1-1#",如图 3-24 所示。

② 保存,输入"1998 年以后出生的学生"查询名称,如图 3-25 所示。

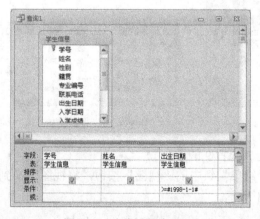

图 3-24 查询设计窗口

图 3-25 命名查询

③ 在左侧查询列表中双击要运行的查询名称，查看查询结果。

(2) 查询姓名中有"国"字的学生的姓名、性别和出生日期。

① 将字段"姓名""性别"和"出生日期"加到查询定义窗口中，对应"姓名"字段，在"条件"行输入"Like"*国*"，如图 3-26 所示。

图 3-26　查询设计窗口

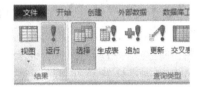

图 3-27　运行按钮查看结果

② 保存查询"姓名中有"国"字的学生"。

③ 单击查询工具"设计"选项卡中"结果"组中的"运行"按钮也可以查看查询结果。如图 3-27 所示。

(3) 查询学号第 6 位是 2 或者 9 的学生的学号、姓名和专业编号。

① 将字段"学号""姓名"和"专业编号"加到查询定义窗口中，对应"学号"字段，在"条件"行输入"Mid([学号],6,1)=2 Or Mid([学号],6,1)=9"，如图 3-28 所示。本例中的表达式过于复杂，可以使用查询工具"设计"选项卡中"查询设置"组的"生成器"按钮，如图 3-29 所示，打开"表达式生成器"对话框，如图 3-30 所示，输入条件。

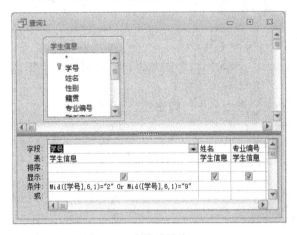

图 3-28　查询设计窗口

图 3-29　查询设置

② 保存查询，命名为"学号第 6 位是 2 或者 9 的学生"。

③ 单击查询工具"设计"选项卡中"结果"组中的"视图"按钮，将视图切换到"数据表视图"，也可以查看查询结果，如图 3-31 所示。

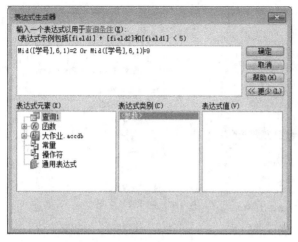

图 3-30　表达式生成器　　　　　　　图 3-31　视图切换

（4）查询"高等数学"课程考试成绩，分数在 60～80 之间的同学的姓名。

① 将字段"姓名""课程名称"和"考试成绩"加到查询定义窗口中，对应"课程名称"字段，在"条件"行输入"高等数学"，对应"考试成绩"字段，在"条件"行输入"Between 60 And 80"，如图 3-32 所示。

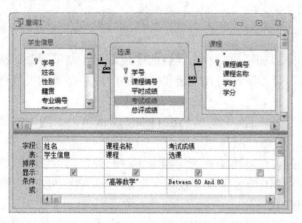

图 3-32　查询设计窗口　　　　　　　图 3-33　视图切换

② 保存查询，命名"高等数学分数在 60～80 之间的学生"。

③ 在查询设计视图窗口的标题栏右击，在快捷菜单中选择"数据表视图"，也可以查看查询结果，如图 3-33 所示。

（5）查询没有联系电话的教师的姓名、所属院系和职称。

① 将字段"姓名""所属院系""职称"和"联系电话"添加到查询定义窗口中，将"联系电话"字段的"显示"复选按钮取消，在"条件"行对应"联系电话"字段输入"Is Null"，如图 3-34 所示。

② 保存查询，命名为"没有联系电话的教师"。

③ 在导航窗口中选择要运行的"没有联系电话的教师"查询对象并右击，在快捷菜单中选择"打开"命令，如图 3-35 所示。

图 3-34 查询设计窗口

图 3-35 快捷菜单

3.2.3 修改查询

无论是利用向导创建的查询，还是利用"设计视图"建立的查询，建立后均可对查询进行编辑修改。

1. 编辑查询中的字段

在"设计视图"中打开要修改的查询，可以进行添加字段、删除字段、移动字段和重命名查询字段操作，具体操作步骤如下。

（1）添加字段：在查询设计视图中添加字段，双击需要的字段即可，如果需要一次添加多个字段，按住 Ctrl 键的同时在关系窗口的字段列表中选取多个字段，并将其拖曳到查询定义窗口的相应列中。

（2）删除字段：单击列选定器选定相应的字段，然后按 Delete 键或单击如图 3-29 所示"查询设置"组中的"删除列"按钮。

（3）移动字段：先选定要移动的列，可以单击列选定器来选择一列，也可以通过相应的列选定器来选定相邻的数列。然后再次单击选定字段中任何一个选定器，将字段拖曳到新的位置。移走的字段及其右侧的字段一起向右移动。

（4）重命名查询字段：若希望在查询结果中使用用户自定义的字段名称替代表中的字段名称，可以对查询字段进行重新命名。

将光标移动到查询定义窗口中需要重命名的字段左边，输入新名后输入英文(:)即可。

2. 编辑查询中的数据源

（1）添加表或查询

① 在查询设计视图的上半部分关系窗口中单击右键，在弹出的快捷菜单（如图 3-36 所示）中单击"显示表"按钮，弹出如图 3-23 所示的"显示表"对话框，选择要添加的表或查询。

② 在查询工具"设计"选项卡中的"查询工具"组中单击显示表按钮，如图 3-29 所示，也可以弹出"显示表"对话框。

（2）删除表或查询

在查询设计视图右击要删除的表的标题，弹出如图 3-37 所示快捷菜单，单击"删除表"。或者直接按 Delete 键，即可删除选中的表和查询。

图 3-36 快捷菜单

图 3-37 右键菜单

3.2.4 在查询中进行计算

在设计选择查询时，除了进行条件设置外，还可以进行计算和分类汇总。

1. 计算

需要统计的数据在表或查询中没有相应的字段，或者用于计算的数值来自于多个字段时，就应该在设计网格中的"字段"行添加一个计算字段。在查询中可以增加新字段，该字段没有自己的数据，它的数据源来自其他字段，按照用户设置的公式，产生该字段的数值，这些字段叫做计算字段。

创建计算字段的方法是在查询的设计视图的设计网格"字段"行中直接输入计算字段及其计算表达式。输入规则是"计算字段名：表达式"。

需要注意的是，其中计算字段名和表达式之间的分隔符是半角的"："。

2. 统计

使用查询"设计"视图中的"总计"行，可以对查询中的全部记录或记录组计算一个或多个字段的统计值，包括总计、求平均值、计数、求最小值、求最大值、求标准偏差或方差。其计数结果只是显示，并没有实际存储在表中。使用"条件"行，可以添加影响计算结果的条件表达式。

在查询中主要进行的计算如表 3-11 所示。

表 3-11 查询中的常用计算

计 算 名	功 能
合计	计算一组记录中某字段值的总和
平均值	计算一组记录中某字段值的平均值
最小值	计算一组记录中某字段值的最小值
最大值	计算一组记录中某字段值的最大值
计数	计算一组记录中记录的个数
First	一组记录中某字段的第一个值
Last	一组记录中某字段的最后一个值
Expression	创建一个由表达式产生的计算字段
Where	设定分组条件以便选择记录

下面我们通过例子来说明如何设置查询中的计算。

【例3-6】 在"教务管理"数据库中,创建以下查询。

(1)查询学生的姓名并计算年龄。

(2)统计各班学生的平均年龄。

(3)统计学生的课程总分和平均分。

(4)统计学生的奖学金,奖学金的标准为每门功课考试成绩超过或等于95分,按该门课程的学分乘以30元计算奖学金。

操作步骤如下:

打开数据库"教务管理",选择"创建"选项卡的"查询"组,单击"查询设计"按钮,打开"查询设计器"窗口,将查询所需要的表添加到查询设计视图的数据源窗格中。

(1)查询学生的姓名并计算年龄。

将学生信息表的字段"姓名"添加到查询定义窗口中,然后在空白列中输入"年龄:Year(Date())-Year([出生日期])",其中"年龄"是计算字段,Year(Date())-Year([出生日期])是计算年龄的表达式。如图3-38所示,保存并运行查询。

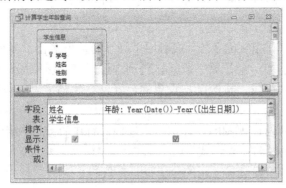

图3-38 包含计算字段的查询

图3-39 年龄查询结果

(2)统计各专业学生的平均年龄。

将"专业编号"字段添加到查询定义窗口中,并在空白列中输入"平均年龄:Year(Date())-Year([出生日期])",然后单击工具栏上的"汇总"按钮,在查询定义窗口中出现了"总计"行,如图3-40所示。对应"专业编号"字段,在"总计"下拉列表框中选择"Group By",对应表达式"Year(Date())-Year([出生日期])",在"总计"下拉列表框中选择"平均值",这表明按照"专业编号"字段分组统计年龄的平均值。如图3-41所示,保存并运行查询。

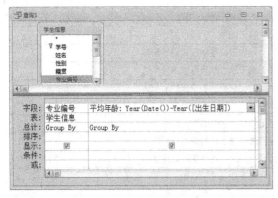

图3-40 总计行

图3-41 统计查询

(3) 统计学生考试成绩,统计课程总分和平均分,并保留1位小数。

将学生信息表的字段"学号""姓名",选课表的字段"考试成绩"添加到查询定义窗口中,注意,将考试成绩字段添加2次。然后在"总计"行中,对应"学号"和"姓名"字段,选择"Group By";对应第1个"考试成绩"字段,选择"合计"并添加标题"总分",对应第2个"考试成绩"字段,选择"平均值"并添加标题"平均分",如图3-42所示。

选择"考试成绩"所在的列,单击"查询工具/设计"选项卡的"显示/隐藏"组中的"属性表"按钮,弹出"属性表"面板,在"格式"下拉列表中选择"固定",表示固定小数位数显示,在"小数位数"下拉列表中选择1,即设置1位小数,如图3-43所示。

保存并运行查询。

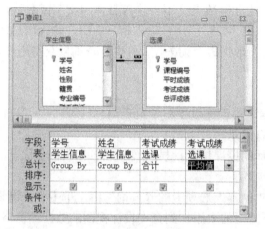

图 3-42　查询条件设置　　　　　图 3-43　小数位数设置

(4) 统计学生的奖学金,奖学金的标准为每门功课考试成绩超过或等于95分,按该门课程的学分乘以30元计算奖学金。

将学生信息表的字段"学号""姓名",课程表的字段"学分",选课表的字段"考试成绩"添加到查询定义窗口中,然后在"总计"行中,对应"学号"和"姓名"字段,选择"Group By";将"学分""考试成绩"字段的"显示"复选按钮取消,在"条件"行对应的"考试成绩"字段输入">=95",然后在空白列中输入"奖学金:[学分]*30",其中"奖学金"是计算字段,[学分]*30是计算奖学金的表达式。如图3-44所示,保存并运行查询。

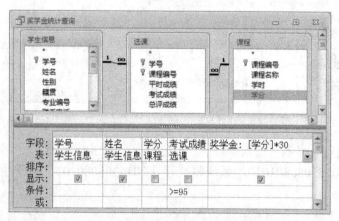

图 3-44　条件设定和添加计算字段

3.3 创建参数查询

参数查询是一种动态查询，可以在每次运行查询时输入不同的条件值，系统根据给定的参数值确定查询结果，而参数值在创建查询时不要定义。这种查询完全由用户控制，能在一定程度上适应应用的变化需求，提高查询效率。参数查询一般建立在选择查询基础上，在运行查询时会出现一个或多个对话框，要求输入查询条件。根据查询中参数个数的不同，参数查询可以分为单参数查询和多参数查询。

建立参数查询的方法与用"设计视图"建立查询的操作方法基本一致，只是查询条件表达式的写法不同，从常量改为变量。建立参数查询不再输入具体的文字或数值，而是使用方括号"[]"占位，显示方括号中的提示文字，指引用户输入信息。用户输入信息后系统会用这个输入信息替换"[]"占位的内容，动态地生成查询条件，再执行查询以获得用户需要的结果。

3.3.1 单参数查询

【例 3-7】 在"教务管理"数据库中创建以下单参数查询。
(1) 按输入的学号查询学生的所有信息。
(2) 按输入的教师姓名查询该教师的授课情况，显示教师姓名和课程名称。

操作步骤如下：

打开数据库"教务管理"，选择"创建"选项卡的"查询"组，单击"查询设计"按钮，打开"查询设计器"窗口，将查询所需要的表添加到查询设计视图的数据源窗格中。

(1) 按输入的学号查询学生的所有信息。

将学生信息表的所有字段添加到查询定义窗口中(选择所有字段可直接在数据表中双击"*")，对应"学号"字段，在"条件"行输入"[请输入学生学号:]"，如图 3-45 所示。

图 3-45 单参数查询窗口　　　　图 3-46 输入参数值

保存查询并运行，显示"输入参数值"对话框，如图 3-46 所示。

输入学号"2015308080101"，系统将显示"2015308080101"的学生信息，如图 3-47 所示。

第 3 章 查　询

图 3-47　单参数查询结果

(2) 按输入的教师姓名查询该教师的授课情况，显示教师姓名和课程名称。

将教师表、授课表、课程表添加到查询设计视图的数据源窗格中，将教师表"教师姓名"字段，课程表"课程名称"字段添加到查询定义窗口中，对应"教师姓名"字段，在"条件"行输入"[请输入教师姓名]"。如图 3-48 所示。

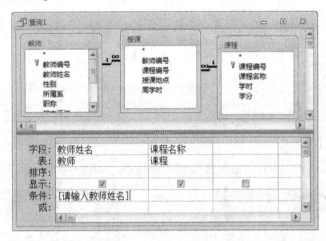

图 3-48　多表的单参数查询

保存查询并运行，显示"输入参数值"对话框，如图 3-49 所示。

输入教师姓名"赵蕊"，系统将显示"赵蕊"的授课信息，如图 3-50 所示。

表 3-49　输入参数值

图 3-50　查询结果

3.3.2　多参数查询

【例 3-8】　在"教务管理"数据库中创建以下多参数查询。

(1) 按输入的最低分和最高分，查询学生的学号、姓名以及"高等数学"课程成绩。

(2) 按输入的性别和姓氏查询学生的姓名和出生日期。

操作步骤如下：

打开数据库"教务管理"，选择"创建"选项卡的"查询"组，单击"查询设计"按钮，打开"查询设计器"窗口，将查询所需要的表添加到查询设计视图的数据源窗格中。

(1) 按输入的最低分和最高分，查询学生的学号、姓名以及"高等数学"课程成绩。

① 将学生信息表、选课表、课程表添加到查询设计视图的数据源窗格中。

② 将学生信息表的"学号""姓名"字段、课程表的"课程名称"、选课表的"考试成绩"字段添加到查询定义窗口中，对应"课程名称"字段，在"条件"行输入"高等数学"；对应"考试成绩"字段，在"条件"行输入"Between [最低分] And [最高分]"，如图 3-51 所示。

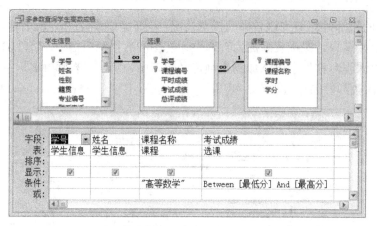

图 3-51　多参数查询

③ 保存查询并运行，显示"输入参数值"对话框，如图 3-52 所示。

图 3-52　输入第一个参数　　　　图 3-53　输入第二个参数

④ 显示第一个"输入参数值"对话框，输入最低分 60，单击"确定"按钮打开第二个"输入参数值"对话框，输入最高分 90，单击"确定"按钮，如图 3-53 所示，系统将显示高等数学考试成绩在"60～90"之间的学生信息。如图 3-54 所示。

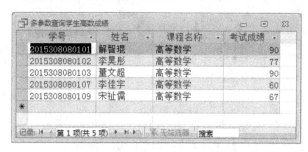

图 3-54　多参数查询结果

在参数查询中，若要输入的参数表达式比较长，可右击"条件"单元格，并选择如图 3-55 所示快捷菜单中的"显示比例"命令，弹出如图 3-56 所示"缩放"对话框，用户可以在其中输入表达式，然后单击"确定"按钮，表达式自动出现在相应的单元格中。

图 3-55 条件单元格快捷菜单

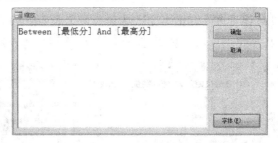

图 3-56 "缩放"对话框

(2) 按输入的性别和姓氏查询学生的所有信息。

① 将学生信息表的所有字段添加到查询定义窗口中,对应"性别"和"姓名"字段,分别在"条件"行输入"[请输入性别:]""Like [请输入姓氏:]&"*"",如图 3-57 所示,保存并运行查询。

② 显示第一个"输入参数值"对话框,输入姓氏"赵",单击"确定"按钮;打开第二个"输入参数值"对话框,输入性别"女",如图 3-58 所示,单击"确定"按钮,系统将显示姓赵的女生信息。

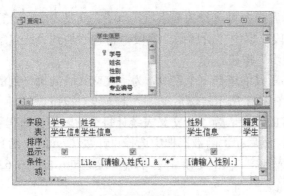

图 3-57 多参数查询窗口

3-58 输入参数窗口

3.4 创建交叉表查询

交叉表查询通常以一个字段作为表的行标题,以另一个字段的取值作为列标题,在行和列的交叉点单元格处获得数据的汇总信息,以达到数据统计的目的。

交叉表查询既可以通过交叉表查询向导来创建,也可以在设计视图中创建。

3.4.1 使用"交叉表查询向导"

使用"交叉表查询向导"建立交叉表查询时,使用的字段必须属于同一个表或同一个查询。如果使用的字段不在同一个表或查询中,则应先建立一个查询,将它们集中在一起。

【例 3-9】 在"教务管理"数据库中,从教师表中统计各个学院的教师人数及其职称分布情况,建立所需的交叉表。

操作步骤如下:

① 选择"创建"选项卡的"查询"组,单击"查询向导"按钮,打开"新建查询"对话框。

② 在"新建查询"对话框中，选择"交叉表查询向导"，单击"确定"，将出现"交叉表查询向导"对话框，此时，选择"教师"表，如图 3-59 所示，然后单击"下一步"按钮。

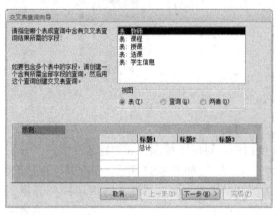

图 3-59　交叉表查询向导

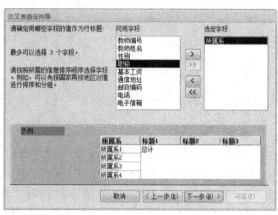

图 3-60　选择行标题

③ 选择作为行标题的字段。行标题最多可选择 3 个字段，为了在交叉表的每一行面显示教师所属学院，这里应双击"可用字段"框中"所属系"字段，将它添加到"选定字段"框中，如图 3-60 所示，然后单击"下一步"按钮。

④ 选择作为列标题的字段。列标题只能选择一个字段，为了在交叉表的每一列的上面显示职称情况，单击"职称"字段，如图 3-61 所示，然后单击"下一步"按钮。

⑤ 确定行、列交叉处的显示内容的字段。为了让交叉表统计每个学院的教师职称个数，应单击字段框中的"教师姓名"字段，然后在"函数"框中选择"计数（Count）"函数。若要在交叉表的每行前面显示总计数，还应选中"是，包括各行小计"复选框，如图 3-62 所示，然后单击"下一步"按钮。

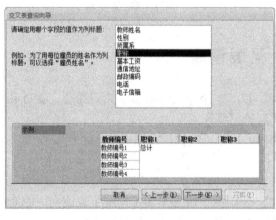

图 3-61　选择列标题

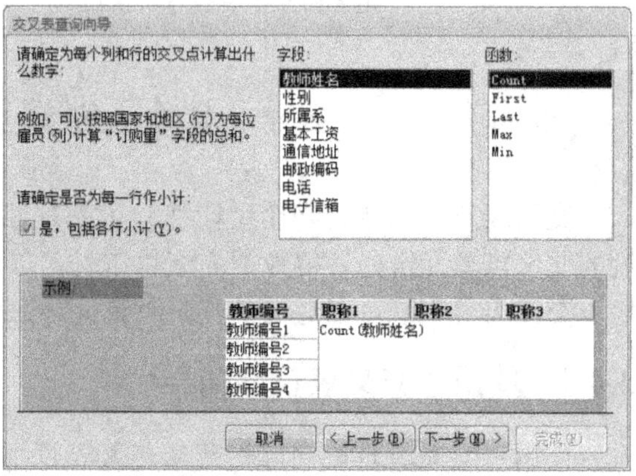

图 3-62　确定行列交叉点内容

⑥ 在弹出的"交叉表查询向导"界面"请指定查询的名称"文本框中输入所需的查询名称，这里输入"统计各学院教师职称人数交叉表查询"，如图 3-63 所示，然后单击"查看查询"选项按钮，再单击"完成"按钮。查询结果如图 3-64 所示。

图 3-63　指定查询名称

统计各学院教师职称人数交叉表查询

所属系	总计 教师姓名	副教授	讲师	教授	助教
计算机	2	1		1	
数学	2		1	1	
体育	1				1
外国语	1		1		
英语	1	1			

记录: 第 1 项(共 5 项)　无筛选器　搜索

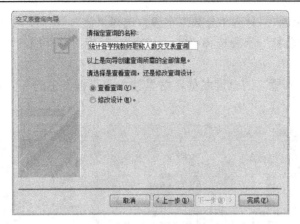

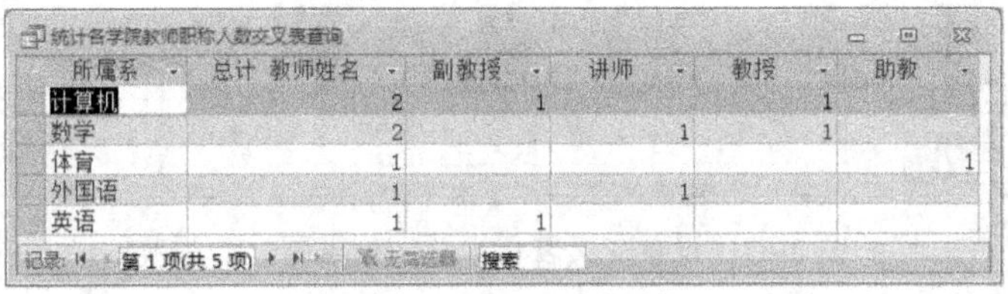

图 3-64　交叉表查询结果

3.4.3 使用设计视图

【例 3-10】　在“教务管理”数据库中，创建以下交叉表查询。

(1) 查询学生的各门课成绩。

(2) 查询各学院男、女教师的人数。

操作步骤如下：

打开数据库“教务管理”，选择“创建”选项卡的“查询”组，单击“查询设计”按钮，打开“查询设计器”窗口，将查询所需要的表添加到查询设计视图的数据源窗格中。

(1) 查询学生的各门课成绩。

① 将学生信息表的字段“学号”“姓名”、课程表的字段“课程名称”以及成绩表的字段“总评成绩”添加到查询定义窗口中。

② 选择“查询工具”选项卡的“查询类型”组，单击“交叉表”按钮，如图 3-65 所示。查询定义窗口中将出现“总计”和“交叉表”行，如图 3-66 所示。

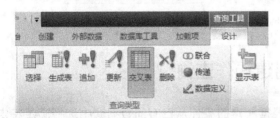

图 3-65 查询类型选择

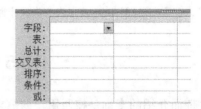

图 3-66 总计、交叉表设置

③ 首先，在“交叉表”行，对应“学号”和“姓名”字段选择“行标题”，对应“课程

名称"字段选择"列标题",对应"分数"字段,选择"值"。然后,在"总计"行,对应"学号""姓名"和"课程名称"字段选择"Group By",对应"总评成绩"字段,选择"First",如图3-67所示。

④ 保存查询并输入所需的查询名称,这里输入"查询学生的各门课成绩",运行查询查看结果。

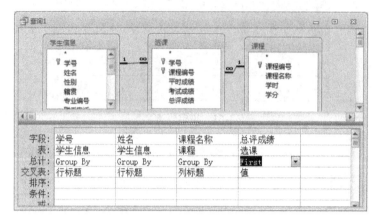

图3-67 设置交叉表行标题、列表题、汇总项

(2)查询各学院男、女教师的人数。

将"所属系""性别"和"教师编号"字段添加到查询定义窗口中,在"总计"行,对应"所属系"和"性别"字段选择"Group By",对应"教师编号"字段,选择"计数";在"交叉表"行,对应"学院"字段选择"行标题",对应"性别"字段选择"列标题",对应"教师编号"字段,选择"值",如图3-68所示。保存查询并运行,结果如图3-69所示。

图3-68 交叉表查询设计视图示例

图3-69 查询结果

3.5 创建操作查询

前面介绍的查询是按照用户的需求,根据一定的条件从已有的数据源中选择满足特定准则的数据形成一个动态集,将已有的数据源再组织或增加新的统计结果,这种查询方式不改变数据源中原有的数据状态,即查询在运行过程中对原始表不做任何修改。

而操作查询建立在选择查询的基础上,对原有的数据进行批量的更新、追加和删除,或者创建新的数据表等操作,即操作查询不仅进行查询,而且对表中的原始记录进行相应的修改。所谓操作查询是指,仅在一个操作过程中就能更改许多记录的查询。通过操作查询,可以使数据的更改更加有效、方便和快捷。操作查询包括生成表查询、更新查询、追加查询和删除查询。

操作查询和选择查询另一个重要的不同之处在于:打开选择查询,就能显示符合条件的数据集;而打开操作查询,运行了更新、追加和删除等操作,不会直接显示操作的结果,只有通过打开目的表,即被更新、追加、删除和生成的表,才能了解操作查询的结果。

3.5.1 生成表查询

生成表查询可以使查询的运行结果以表的形式存储,生成一个新表,这样就可以利用一个或多个表或已知的查询再创建表,从而使数据库中的表可以创建新表,实现数据资源的多次利用及重组数据集合。

【例3-11】在"教务管理"数据库中,创建以下生成表查询。
(1)查询学生的学号、姓名、性别、课程名称和考试成绩,并生成"学生成绩生成表"。
(2)将学生成绩生成表中的不及格记录生成一个"不及格表"。

操作步骤如下:

打开数据库"教务管理",选择"创建"选项卡的"查询"组,单击"查询设计"按钮,打开"查询设计器"窗口,将查询所需要的表添加到查询设计视图的数据源窗格中。
(1)查询学生的学号、姓名、性别、课程名称和考试成绩,并生成"学生成绩生成表"。
① 将学生表的"学号""姓名""性别",课程"表的"课程名称"和选课表的"考试成绩"字段添加到查询定义窗口中。
② 然后选择上下文选项卡"查询工具"的"查询类型"组,单击"生成表查询"按钮,如图3-70所示,则打开"生成表"对话框,如图3-71所示,在"表名称"文本框中输入"学生成绩生成表",单击"确定"按钮,查询设置完成。

图3-70 生成表按钮

图3-71 "生成表"对话框

③ 切换到数据表视图浏览其结果,确定是所需结果后,单击快速访问工具栏上的"保存"按钮,输入查询名称"生成表查询示例",单击"确定"按钮,完成查询设计。
④ 单击"运行"按钮,执行生成表查询,系统弹出一个消息框,询问是否要生成一个新表,如图3-72所示,单击"是"按钮,系统开始生成表。

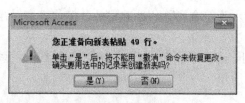

图3-72 生成新表提示框

图3-73 运行生成表查询新建的表

⑤ 在数据库的导航窗格中,可以看到多出来一个表"学生成绩生成表",如图 3-73 所示。

⑥ 双击"学生成绩生成表",显示表内容。

(2)将学生成绩生成表中的不及格记录生成一个"不及格表"。

将学生成绩生成表的所有字段添加到查询定义窗口中,对应"分数"字段下的"条件"行输入"<60",然后选择上下文选项卡"查询工具"的"查询类型"组,单击"生成表查询"按钮,则打开"生成表"对话框,在"表名称"文本框中输入"不及格",单击"确定"按钮,查询设置完成,如图 3-74 所示。参照上例步骤③~⑥,完成表的生成。

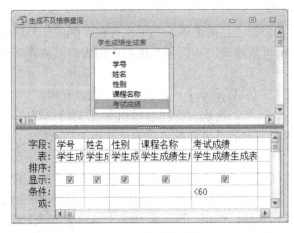

图 3-74 生成表查询

3.5.2 删除查询

删除查询又称为删除记录的查询,可以从一个或多个数据表中删除记录。使用删除查询,将删除整条记录,而非只删除记录中的字段值。记录一经删除将不能恢复,因此在删除记录前要做好数据备份。删除查询设计完成后,需要运行查询才能将需要删除的记录删除。

如果要从多个表中删除相关记录,必须满足以下几点:已经定义了相关表之间的关系;在相应的编辑关系对话框中选择了"实施参照完整性"复选框和"级联删除相关记录"复选框。

【例 3-12】 在"教务管理"数据库中,删除"不及格"表中所有分数大于等于 50 分的学生信息。

操作步骤如下:

① 打开数据库"教务管理",选择"创建"选项卡的"查询"组,单击"查询设计"按钮,打开"查询设计器"窗口,将查询所需要的表添加到查询设计视图的数据源窗格中。

② 选择上下文选项卡"查询工具"的"查询类型"组,单击"删除查询"按钮;在设计网格中增加"删除"栏,"排序"和"显示"栏消失。将"考试成绩"字段添加到查询定义窗口中,在对应的"条件行"中输入">=50",如图 3-75 所示。

③ 切换到数据表视图,图 3-76 所示为符合删除条件的记录,将此查询保存为"删除查询示例"。

④ 双击导航窗格查询对象中的"删除查询示例",执行"删除查询示例",系统弹出消息框,询问是否进行删除操作,如图 3-77 所示。

第 3 章 查　询

图 3-75　删除查询设计器　　　　　　　　图 3-76　符合删除条件记录

⑤ 单击"是"后弹出消息框，提示将删除表中记录的行数，如图 3-78 所示，单击"是"执行该查询操作。

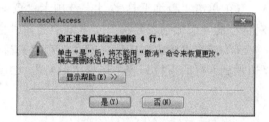

图 3-77　执行删除查询消息框　　　　　　图 3-78　删除记录消息框

⑥ 返回到数据库导航窗格，重新打开表"不及格"，结果只显示 50 分以下的同学成绩。

3.5.3　追加查询

追加查询可以从一个或多个表将一组记录追加到一个或多个表的尾部，这样可以大大提高数据输入的效率。追加记录时只能追加匹配的字段，其他字段将被忽略；另外，被追加的数据表必须是存在的表，否则无法实现追加，系统将显示相应的错误信息。

【例 3-13】　先根据"教师"表，通过生成表查询在"教务管理"数据库中建立一个新表，表名为"全校师生党员信息"，表结构包括"编号""姓名""性别"和"是否党员"字段，表内容为所有是中共党员的教师信息。然后通过追加查询，将"学生信息"表中所有是"中共党员"的学生信息追加到"全校师生党员信息"表中。

操作步骤如下：

首先，通过生成表查询创建"全校师生党员信息"表，查询设置如图 3-79 所示。在数据库表对象窗口中右击"全校师生党员信息"表，选择"设计视图"，将字段名"教师编号"改为"编号"，"教师姓名"改为"姓名"。

其次，完成追加查询。

① 打开数据库"教务管理"，选择"创建"选项卡的"查询"组，单击"查询设计"按钮，打开"查询设计器"窗口，将查询所需要的表"学生信息"添加到查询设计视图的数据源窗格中。

② 将"学号""姓名""性别"和"是否党员"字段添加到查询设计网格，在"是否党员"的条件单元格输入"true"。如图 3-80 所示。

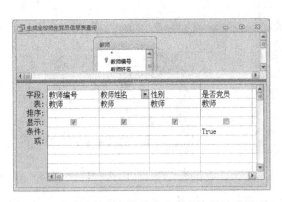

图 3-79　生成全校师生党员信息表查询设计器界面

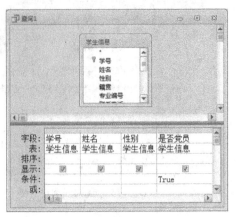

图 3-80　追加查询选定字段和条件

③ 单击"查询工具/设计"选项卡"查询类型"组中的"追加"按钮，在弹出的"追加"对话框的"追加到表名称"文本框中选择"全校师生党员信息"表，如图 3-81 所示。

④ 单击"确定"按钮，则在查询定义窗口中出现"追加到"行；对应"学号"字段，在"追加到"行的下拉列表中选择"编号"。如图 3-82 所示。

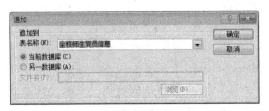

图 3-81　"追加"对话框

图 3-82　"追加到"对应字段

⑤ 保存查询，命名为"追加查询示例"，切换到数据表视图，显示所示为符合追加条件的记录，运行该查询，系统弹出消息框，询问是否要进行追加，如图 3-83 所示。单击"是"按钮，弹出追加行数的消息框，如图 3-84 所示，单击"是"按钮，系统开始追加。

图 3-83　追加查询消息框

图 3-84　追加记录消息框

3.5.4　更新查询

在数据库操作中，如果只对表中少量数据进行修改，可以直接在表的"数据表视图"下，通过手工进行修改。如果需要成批修改数据，可以使用 Access 提供的更新查询功能来实现。更新查询可以对一个或多个表中符合查询条件的数据进行批量修改。

【例 3-14】 在"教务管理"数据库中，将所有专业课的学分增加 0.5 学分。

操作步骤如下：

① 打开数据库"教务管理"，选择"创建"选项卡的"查询"组，单击"查询设计"按钮，打开"查询设计器"窗口，将查询所需要的表"课程"添加到查询设计视图的数据源窗格中。

② 将"课程类别"和"学分"字段添加到查询定义窗口中，然后选择选项卡"查询工具"的"查询类型"组，单击"更新"按钮，则在查询定义窗口中出现"更新到"行，"排序"和"显示"栏消失，表明系统处于设计更新查询的状态，如图 3-85 所示。

③ 对应"课程类别"字段，在"条件行"输入"专业课"，然后对应"学分"字段，在"更新到"行输入"[学分]+0.5"，如图 3-86 所示。

图 3-85 更新表查询设计

图 3-86 输入更新值

④ 保存查询，输入查询名"增加所有专业课的学分"，查询设置完成。运行查询，弹出消息框，询问是否要进行更新操作，如图 3-87 所示，单击"是"按钮，弹出更新行数的消息框，如图 3-88 所示，单击"是"按钮，系统开始更新。

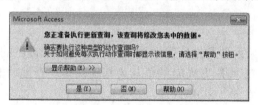
图 3-87 更新查询消息框

图 3-88 更新记录消息

3.6 结构化查询语言(SQL)

3.6.1 SQL 概述

SQL 全称是结构化查询语言(Structured Query Language)，是国际标准数据库语言，无论是 Oracle、Informix、Sybase、SQL Server 这样的大型数据库管理系统，还是 Visual Foxpro，

Access 这样的个人电脑上常用的微、小型数据库管理系统，都支持 SQL。SQL 集数据定义语言(DDL)、数据操纵语言(DML)、数据控制语言(DCL)于一体，是综合的、功能极强的关系数据库的标准语言。

标准的 SQL 包括：

- 数据定义，用于定义和修改基本表、定义视图和定义索引。数据定义语句包括 CREATE、DROP、ALTER。
- 数据操纵，用于表或视图的数据添加、删除和修改等操作。数据操纵语句包括 INSERT、DELETE、UPDATE。
- 数据查询，用于从数据库中检索数据。数据查询语句包括 SELECT。
- 数据控制，用于控制用户对数据的存取权力。数据控制语句包括 GRANT、REVOTE。

3.6.2　SQL 的特点

SQL 之所以能够为用户和业界所接受，成为国际标准，是因为它是一个综合的、通用的、功能极强同时又简捷易学的语言，充分体现了关系数据库语言的特点和优点。其主要特点有以下几个方面。

(1) 高度综合

SQL 集数据定义、数据操纵和数据控制于一体，语言风格统一，可以实现数据库的全部操作。

(2) 高度非过程化

SQL 语言在进行数据操作时，只需说明"做什么"，而不必指明"怎么做"，其他工作由系统完成。用户无须了解对象的存取路径，大大减轻了用户负担。

(3) 交互式与嵌入式相结合

用户可以将 SQL 的语句当作一条命令直接使用，也可以将 SQL 的语句当作一条语句嵌入到高级语言程序中，两种方式语法结构一致，为程序员提供了方便。

(4) 语言简洁，易学易用

SQL 结构简洁，只用了 9 个动词就可以实现数据库的所有功能，使用户易于学习和使用。

3.6.3　显示 SQL 语句

Access 2010 数据库系统是一种可视化的关系型数据库管理系统，它通过系统提供的查询设计视图创建查询。实际上，Access 2010 中的查询是以 SQL 的语句为基础来实现查询功能的，因此，Access 2010 中所有的查询都可以认为是一个 SQL 查询。

前面讲述了各种查询操作，其实在创建查询的时候，系统会自动地将操作命令转换为 SQL 语句，只要打开查询，切换到 SQL 视图就可以看到系统生成的 SQL 代码。

【例 3-15】　显示"单表查询示例"查询的 SQL 语句。

具体操作步骤如下。

① 打开数据库"教务管理"，在数据库导航窗格中选择"单表查询示例"，并以设计视图显示该查询。

② 单击"查询工具/设计"选项卡"结果"组中"视图"按钮下的下拉按钮，弹出下拉菜单。

③ 在下拉菜单中单击"SQL 视图"进入该查询的 SQL 视图，如图 3-89 所示。

图 3-89　SQL 视图

还有其他方式进入查询的 SQL 视图，显示 SQL 语句。如在查询设计视图上半部分的空白处右击，在弹出的菜单中选择"SQL 视图"。在查询的 SQL 视图内不仅可以查看已经生成的 SQL 语句，还可以对其进行修改或编辑。

用户还可以直接通过 SQL 视图输入 SQL 命令来创建查询。

3.7　SQL 常用语句

3.7.1　SELECT 语句

数据查询是 SQL 的核心功能，SQL 提供了 SELECT 语句，用于检索和显示数据库中表的信息，该语句功能强大，使用方式灵活，可用一个语句实现多种方式的查询。

1．SELECT 语句的格式

```
SELECT [ALL|DISTINCT] [TOP <数值> [PERCENT]]<目标列表达式 1> [AS <列标题 1>][,<
       目标列表达式 2> [AS <列标题 2>]...]
FROM <表或查询 1> [,<表或查询 2> ...]
[WHERE <条件表达式 1> [AND|OR <条件表达式 2>...]
[GROUP BY <分组项> [HAVING <分组筛选条件>]]
[ORDER BY <排序项 1> [ASC|DESC][,<排序项 2> [ASC|DESC]...]]
```

2．语法描述的约定说明

"[ ]"内的内容为可选项；"< >"内的内容为必选项；"|"表示"或"，即前后两个值"二选一"。

3．SELECT 语句中各子句的意义

（1）SELECT 子句：指定要查询的数据，一般是字段名或表达式。

ALL：表示查询结果中包括所有满足查询条件的记录，也包括值重复的记录。默认为 ALL。

DISTINCT：表示在查询结果中内容完全相同的记录只能出现一次。

TOP <数值> [PERCENT]：限制查询结果中包括的记录条数为当前<数值>条或占记录总数的百分比为<数值>。

AS <列标题 1>：指定查询结果中列的标题名称。

（2）FROM 子句：指定数据源，即查询所涉及的相关表或已有的查询。如果这里出现 JOIN…ON 子句则表示要为多表查询指定多表之间的连接方式。

（3）WHERE 子句：指定查询条件，在多表查询的情况下也可用于指定连接条件。

（4）GROUP BY 子句：对查询结果进行分组，可选项 HAVING 表示要提取满足 HAVING 子句指定条件的那些组。

（5）ORDER BY 子句：对查询结果进行排序。ASC 表示升序排列，DESC 表示降序排列。

SQL 数据查询语句与查询设计器中各选项间的对应关系如下：

SELECT 子句	查询设计器中的选项
SELECT<目标列>	"字段"栏
FROM<表或查询>	"显示表"对话框
WHERE<筛选条件>	"条件"栏
GROUP BY<分组项>	"总计"栏
ORDER BY<排序项>	"排序"栏

4. SELECT 查询应用

(1) 简单查询

简单查询指只含有 SELECT、FROM 基本子句,目标字段为全部字段的查询。

【例 3-16】 查询学生信息表中的所有记录。

```
SELECT * FROM 学生信息
```

(2) 选择字段查询

选择字段查询指只含有 SELECT、FROM 基本子句,目标字段为指定字段的查询。

【例 3-17】 从教师表中查询教师编号、姓名、所属系、职称等信息。

```
SELECT 教师编号,教师姓名,所属系,职称 FROM 教师
```

【例 3-18】 查找学生的学号、姓名和年龄。

```
SELECT 学号,姓名,Year(Date())-Year([出生日期]) AS 年龄 FROM 学生信息
```

(3) 带有条件的查询

带有条件的查询指在查询中带有简单条件的 WHERE 子句的查询。

【例 3-19】 从学生信息表中查询出学号后 2 位是 "02" 的学生的学号、姓名、出生日期,并将结果按出生日期从大到小的顺序排列。

```
SELECT 学号,姓名,出生日期
FROM 学生信息
WHERE Right([学号],2)="02"
ORDER BY 出生日期 DESC
```

【例 3-20】 在选课表中查找课程编号为 "1103" 且分数在 80~90 分之间的学生的学号。

```
SELECT 学号,课程编号,总评成绩
FROM 选课
WHERE 课程编号="1103" AND 总评成绩>=80 And 总评成绩<=90
```

【例 3-21】 查找课程编号为 "1101" 和 "1106" 的两门课的学生成绩。

```
SELECT 学号,课程编号,总评成绩
FROM 选课
WHERE 课程编号 In("1101","1106")
```

【例 3-22】 在学生信息表中查找姓 "马" 且全名为 3 个汉字的学生的学号和姓名。

```
SELECT 学号,姓名
FROM 学生信息
WHERE 姓名 Like "马??"
```

【例 3-23】 在学生信息表中查找有联系电话的学生的学号、姓名和联系电话。

```
SELECT 学号,姓名,联系电话 FROM 学生信息
WHERE 联系电话 Is Not Null
```

(4) 统计查询

统计查询指在指定的某个(或多个)字段上使用聚合函数进行统计计算的查询。聚合函数包括 COUNT()、SUM()、AVG()、MAX()和 MIN()。

- 计数函数 COUNT(列名)：计算元素的个数；
- 求和函数 SUM(列名)：对某一列的值求和，但属性必须是整型；
- 求平均值 AVG(列名)：对某一列的值计算平均值；
- 求最大值 MAX(列名)：找出某一列的最大值；
- 求最小值 MIN(列名)：找出某一列的最小值。

【例 3-24】 从教师表中统计教师人数。

```
SELECT Count(教师编号) AS 教师总数 FROM 教师
```

【例 3-25】 求选修课程编号为"1102"的学生的平均分。

```
SELECT Avg(考试成绩) AS 平均分 FROM 选课 WHERE 课程编号="1102"
```

【例 3-26】 求选修课程编号为"1103"的学生人数。

```
SELECT COUNT(*) FROM 选课 WHERE 课程编号="1103"
```

(5) 分组统计查询

可以根据指定的某个(或多个)字段将查询结果进行分组，使指定字段上有相同值的记录分在一组，再通过聚合函数等函数对查询结果进行统计计算。

【例 3-27】 从选课表中统计每个学生的所有选修课程的考试成绩的平均分。

SELECT 学号，Avg(考试成绩) AS 平均分 FROM 选课 GROUP BY 学号

【例 3-28】 从选课表中统计每个学生所有选修课程的考试成绩平均分，并且只列出平均分大于 85 分的学生学号和平均分。

```
SELECT 学号,Avg(考试成绩) AS 平均分
FROM 选课
GROUP BY 学号 HAVING Avg(考试成绩)>=85
```

【例 3-29】 求每门课程的考试成绩的平均分。

```
SELECT 课程编号,Avg(考试成绩) AS 平均分 FROM 选课 GROUP BY 课程编号
```

【例 3-30】 查找选修课程超过 3 门的学生学号。

```
SELECT 学号 FROM 选课
GROUP BY 学号 HAVING COUNT(*)>3
```

(6) 查询排序

查询排序指按指定的某个(或多个)字段对结果进行排序的查询。

【例 3-31】 从学生信息表中查询学生的信息，并将查询结果按出生日期升序排序。

```
SELECT * FROM 学生信息 ORDER BY 出生日期
```

【例3-32】 从选课表中查询每个学生的选课信息,并将结果按考试成绩从高到低排序。

```
SELECT * FROM 选课 ORDER BY 考试成绩 DESC
```

【例3-33】 从选课表中查找课程编号为"1103"的学生学号和考试成绩,并按分数降序排序。

```
SELECT 学号,总评成绩 FROM 选课
WHERE 课程编号="1103"
ORDER BY 考试成绩 DESC
```

(7) 包含谓词的查询

包含谓词的查询指在查询语句中包含有谓词的查询。

【例3-34】 从选课表中查询有选修课程的学生的学号(要求同一个学生只列出一次)。

```
SELECT DISTINCT 学号 FROM 选课
```

(8) 多表查询

若查询涉及两个以上的表,即当要查询的数据来自多个表时,必须采用多表查询方法,该类查询方法也称为连接查询。连接查询是关系数据库最主要的查询功能。连接查询可以是两个表的连接,也可以是两个以上的表的连接,也可以是一个表自身的连接。

使用多表查询时必须注意:

① 在 FROM 子句中列出参与查询的表。

② 如果参与查询的表中存在同名的字段,并且这些字段要参与查询,则必须在字段名前加表名。

③ 必须在FROM子句中用JOIN或WHERE子句将多个表用某些字段或表达式连接起来,否则,将会产生笛卡儿积。

有两种方法可以实现多表的连接查询。

➤ 用 WHERE 子句写连接条件

格式为:

```
SELECT <目标列>
FROM <表名1> [[AS] <别名1>],<表名2> [[AS] <别名2>],<表名3> [[AS] <别名3>]
WHERE <连接条件1> AND <连接条件2> AND <筛选条件>
```

【例3-35】 查找学生信息以及所选修课的课程名称及总评成绩。

```
SELECT A.*,课程名称,总评成绩
FROM 学生信息 AS A,课程 AS B,选课 AS C
WHERE B.课程编号=C.课程编号 AND A.学号=C.学号
```

➤ 用 JOIN 子句写连接条件

在 Access 中 JOIN 连接主要分为 INNER JOIN 和 OUTER JOIN。

INNER JOIN 是最常用类型的连接。此连接通过匹配表之间共有的字段值而从两个或多个表中检索行。

OUTER JOIN 用于从多个表中检索记录,同时保留其中一个表中的记录,即使其他表中没有匹配记录。Access 数据库引擎支持 OUTER JOIN 的两种类型:LEFT OUTER JOIN 和 RIGHT OUTER JOIN。想像两个表彼此挨着:一个表在左边,另一个表在右边。LEFT OUTER JOIN

选择右表中与关系比较条件匹配的所有行,同时也选择左表中的所有行,即使右表中不存在匹配项。RIGHT OUTER JOIN 恰好与 LEFT OUTER JOIN 相反,右表中的所有行都被保留。

格式为

```
SELECT <目标列>
FROM <表名1> [[AS] <别名1>] INNER|LEFT[OUTER]|RIGHT JOIN[OUTER] (<表名2>
    [[AS] <别名2>] ON <表名1>.<字段名1>=<表名2>.<字段名2>
WHERE <筛选条件>
```

【例 3-36】 根据教师表和授课表,查询有授课信息的教师的教师编号、姓名、所授课程的课程编号。

```
SELECT 教师.教师编号,教师姓名,课程编号
FROM 教师 INNER JOIN 授课 ON 教师.教师编号=授课.教师编号
```

如果没有授课信息的教师也显示其教师编号和姓名信息,则需用左连接,如下面的语句所示。

```
SELECT 教师.教师编号,教师姓名,课程编号
FROM 教师 LEFT JOIN 授课 ON 教师.教师编号=授课.教师编号
```

3.7.2 数据更新语句

SQL 中数据更新包括插入数据、修改数据和删除数据三条语句。

1. 插入数据

INSERT INTO 语句用于在数据库表中插入数据。通常有两种形式,一种是插入一条记录,另一种是插入子查询的结果。后者可以一次插入多条记录。

(1)插入一条记录,格式为

```
INSERT INTO <表名>[(<字段名1>[,<字段名2>[,…]])]
VALUES (<表达式1>[,<表达式2>[,…]])
```

(2)插入子查询结果,格式为

```
INSERT INTO <表名>[(<字段名1>[,<字段名2>[,…]])] <SELECT 查询语句>
```

【例 3-37】 使用 SQL 语句向课程表中插入一条课程记录。
INSERT INTO 课程 VALUES("1114","翻译","专业课",48,3)

2. 修改数据

UPDATE 语句用于修改记录的字段值。

修改数据的语法格式为

```
UPDATE <表名> SET <字段名1>=<表达式1>[,<字段名2>=<表达式2>[,…]][WHERE <条件>]
```

【例 3-38】 使用 SQL 语句将课程表中课程编号为"1114"的学分字段值改为 4。

```
UPDATE 课程 SET 学分=4 WHERE 课程编号="1114"
```

3. 删除数据

DELETE 语句用于将记录从表中删除,删除的记录数据将不可恢复。
删除数据的语法格式为

```
DELETE FROM <表名> [WHERE <条件>]
```

【例 3-39】 使用 SQL 语句删除课程表中课程编号为"1114"的课程记录。

```
DELETE FROM 课程 WHERE 课程编号="1114"
```

3.8 创建 SQL 的特定查询

3.8.1 创建联合查询

联合查询可以将两个或多个独立查询的结果组合在一起。使用"UNION"连接的两个或多个 SQL 语句产生的查询结果要有相同的字段数目，但是这些字段的大小或数据类型不必相同。另外，如果需要使用别名，则仅在第一个 SELECT 语句中使用别名，别名在其他语句中将被忽略。

如果在查询中有重复记录(即所选字段值完全一样的记录)，则联合查询只显示重复记录中的第一条记录；要显示所有的重复记录，需要在"UNION"后加上关键字"ALL"，即写成"UNION ALL"。

【例 3-40】 查询所有学生的学号和姓名以及所有教师的教师编号和姓名。

```
SELECT 学号,姓名 FROM 学生信息 UNION SELECT 教师编号,教师姓名 FROM 教师
```

3.8.2 数据定义查询

数据定义功能是 SQL 的主要功能之一。利用数据定义功能可以完成建立、修改、删除数据表结构以及建立、删除索引等操作。

1. 创建数据表

数据表定义包含定义表名、字段名、字段数据类型、字段的属性、主键、外键与参照表、表约束规则等。

在 SQL 语言中使用 CREATE TABLE 语句来创建数据表，使用 CREATE TABLE 定义数据表的格式为

```
CREATE TABLE <表名>(<字段名1> <字段数据类型> [(<大小>)] [NOT NULL] [PRIMARY KEY
|UNIQUE][REFERENCES <参照表名>[(<外部关键字>)]][,<字段名2>[…][,…]][,主键])
```

说明：

(1) PRIMARY KEY 将该字段创建为主键，被定义为主键的字段其取值唯一；UNIQUE 为该字段定义无重复索引。

(2) NOT NULL 不允许字段取空值。

(3) REFERENCES 子句定义外键并指明参照表及其参照字段。

(4) 当主键由多字段组成时，必须在所有字段都定义完毕后再通过 PRIMARY KEY 子句定义主键。

(5) 所有这些定义的字段或项目用逗号隔开，同一个项目内用空格分隔。

(6) 字段数据类型是用 SQL 标识符表示的。

【例 3-41】 在"教务管理"数据库中，使用 SQL 语句定义一个名为"Student"的表，

结构：学号(文本，10 字符)、姓名(文本，6 字符)、性别(文本，2 字符)、出生日期(日期/时间)、简历(备注)、照片(OLE)，学号为主键，姓名不允许为空值。

```
CREATE TABLE Student(学号 TEXT(106) PRIMARY KEY NOT NULL,姓名 TEXT(6) NOT
    NULL,性别 TEXT(2),出生日期 DATE,简历 MEMO,照片 OLEOBJECT)
```

【例 3-42】 在"教务管理"数据库中，使用 SQL 语句定义一个名为"Course"的表，结构：课程编号(文本型，5 字符)、课程名(文本型，15 字符)、学分(字节型)，课程编号为主键。

```
CREATE TABLE Course(课程编号 TEXT(5) PRIMARY KEY NOT NULL,课程名 TEXT(15),
    学分 BYTE)
```

【例 3-43】 在"教务管理"数据库中，使用 SQL 语句定义一个名为"Grade"的表，结构：学号(文本，10 字符)、课程编号(文本型，5 字符)、分数(单精度型)，主键由"学号"和"课程编号"两个字段组成，并通过"学号"字段与"Student"表建立关系，通过"课程编号"字段与"Course"表建立关系。

```
CREATE TABLE Grade(学号 TEXT(6) NOT NULL REFERENCES Student(学号),课程编号 TEXT(3)
    NOT NULL REFERENCES Course(课程编号),分数 SINGLE,PRIMARY KEY(学号,课程编号))
```

2. 修改表结构

ALTER TABLE 语句用于修改表的结构，主要包括增加字段、删除字段、修改字段的类型和大小等。

(1) 修改字段类型及大小，格式为

```
ALTER TABLE <表名> ALTER <字段名> <数据类型>(<大小>)
```

(2) 添加字段，格式为

```
ALTER TABLE <表名> ADD <字段名> <数据类型>(<大小>)
```

(3) 删除字段，格式为

```
ALTER TABLE <表名> DROP <字段名>
```

【例 3-44】 使用 SQL 语句修改表，为 Student 表增加一个"电子邮件"字段(文本型，20 字符)。

```
ALTER TABLE Student ADD 电子邮件 TEXT(20)
```

【例 3-45】 使用 SQL 语句修改表，修改 Student 表的"电子邮件"字段，将该字段长度改为 25 字符，并将该字段设置成唯一索引。

```
ALTER TABLE Student ALTER 电子邮件 TEXT(25) UNIQUE
```

【例 3-46】 使用 SQL 语句修改表，删除 Student 表的"简历"字段。

```
ALTER TABLE Student DROP 简历
```

3. 删除数据表

DROP TABLE 语句用于删除表，格式为

```
DROP TABLE <表名>
```

3.8.3 创建子查询

在 SQL 中,当一个查询是另一个查询的条件时,即在一个 SELECT 语句的 WHERE 子句中出现另一个 SELECT 语句时,这种查询被称为嵌套查询。通常把内层的查询语句称为子查询,外层查询语句称为父查询。

嵌套查询的运行方式是由里向外,也就是说,每个子查询都先于它的父查询执行,而子查询的结果作为其父查询的条件。

子查询的 SELECT 语句中不能使用 ORDER BY 子句,ORDER BY 子句只能对最终查询结果排序。

1. 带关系运算符的嵌套查询

父查询与子查询之间用关系运算符(>、<、=、>=、<=、<>)进行连接。

【例 3-47】 根据学生信息表,查询年龄大于所有学生平均年龄的学生,并显示其学号、姓名和年龄。

```
SELECT 学号,姓名,YEAR(DATE())-YEAR(出生日期) AS 年龄
FROM 学生信息
WHERE YEAR(DATE())-YEAR(出生日期)>(SELECT AVG(YEAR(DATE())-YEAR(出生日期))
    FROM 学生信息)
```

2. 带有 IN 的嵌套查询

【例 3-48】 根据学生信息表和选课表查询没有选修课程编号为"1101"的课程的学生的学号和姓名。

```
SELECT 学号,姓名
FROM 学生信息
WHERE 学号 NOT IN (SELECT 学号 FROM 选课 WHERE 课程编号="1101")
```

3. 带有 ANY 或 ALL 的嵌套查询

使用 ANY 或 ALL 谓词时必须同时使用比较运算符,即<比较运算符> [ANY|ALL],ANY 代表某一个,ALL 代表所有的。

【例 3-49】 根据学生信息表,查询其他专业中比专业编号"42"的所有学生年龄都小的学生的学号、姓名、出生日期。

```
SELECT 学号,姓名,出生日期
FROM 学生信息
WHERE 出生日期>ALL(SELECT 出生日期 FROM 学生信息 WHERE 专业编号="42")
```

4. 带有 EXISTS 的嵌套查询

【例 3-50】 根据学生信息表和选课表,查询所有选修了"1103"课程的学生的学号和姓名。

```
SELECT 学号,姓名
FROM 学生信息
WHERE EXISTS(SELECT * FROM 选课 WHERE 选课.学号=学生信息.学号 AND 课程编号="1103")
```

小　　结

　　查询就是以数据库中的数据为数据源，根据给定的条件从指定的数据库的表或已有的查询中检索出符合用户要求的记录数据，形成一个新的数据集合。Access 查询共有 5 种视图，分别是设计视图、数据表视图、SQL 视图、数据透视表视图和数据透视图视图。

　　建立查询的方法主要有两种，即使用查询向导和设计视图。使用查询向导操作，用户可以在向导的指示下逐步完成查询创建工作，简单查询、交叉表查询、查找重复项查询和查找不匹配项查询都可以在查询向导的帮助下完成。但有条件的查询无法使用向导创建查询，而需要在设计视图中创建查询。使用设计视图创建查询，灵活性较强。可以通过设置条件限制需要检索的记录，通过定义统计方式完成不同的统计计算。

　　查询不仅具有记录检索的功能，还有计算的功能。查询还提供了参数查询，由用户控制，是动态的。操作查询可以对表中的记录进行追加、修改、删除和更新。

　　SQL 全称是结构化查询语言(Structured Query Language)，是国际标准数据库语言。有些查询只能通过 SQL 语句实现。

　　常用的 SQL 语句包括 SELECT、INSERT、UPDATE 和 DELETE。SQL 语言的核心是查询命令 SELECT，它不仅可以实现各种查询，还能进行统计、结果排序等操作。

　　SQL 的特定查询包括联合查询、传递查询和数据定义查询。

第 4 章 窗 体

窗体是 Access 数据库的重要对象之一。它在数据库的使用中作用灵活，既是管理数据库的窗口，又是用户和数据库之间的桥梁。通过窗体可以方便地输入数据，编辑数据，查询、排序、筛选和显示数据。窗体上可以放置各种辅助控件，控制流程的运行，将整个数据库组织起来，构成完整的应用系统。

4.1 认识窗体

一个数据库系统开发完成后，对数据库的所有操作都是在设计者提供的窗体界面中进行。所以，建立一个友好的使用界面是十分必要的。窗体的功能特色如下。

浏览、编辑数据：在窗体中可显示多个表的数据，并可进行添加、删除、修改等编辑操作。与查询相比，窗体中数据显示的视觉效果更友好。

输入数据：窗体可以作为向数据库中输入数据的界面，使用窗体控件还可以提高数据输入的效率和准确率。

控制应用程序流程：编写 VBA 代码可完成应用程序流程控制功能。

信息显示：在窗体中可显示一些警告和解释信息。

Access 提供了六种不同类型的窗体：纵栏式窗体、数据表窗体、表格式窗体、分割窗体、数据透视图窗体和数据透视表窗体。

纵栏式窗体主要用于数据输入，各字段纵向排列，如图 4-1 所示。

数据表窗体显示数据表最原始的风格，常通过主/子窗体的形式来显示具有一对多关系的两个表的数据，如图 4-2 所示。

表格式窗体将每条记录的字段横向排列，字段标签放在窗体顶部，如图 4-3 所示。

分割窗体用两种方式显示数据，如图 4-4 所示。

数据透视图窗体将表中数据以图形化的方式直观显示，可嵌入到其他窗体中。

数据透视表窗体是一种交互式动态窗体，可以动态修改窗体的版面布置，重构数据的组织方式，从而方便地以各种不同方法分析数据。每次改变版面布置时，窗体会立即按照新的布置重新计算，实现数据的汇总、小计和总计。

图 4-1　纵栏式窗体　　　　　　　　　图 4-2　数据表窗体

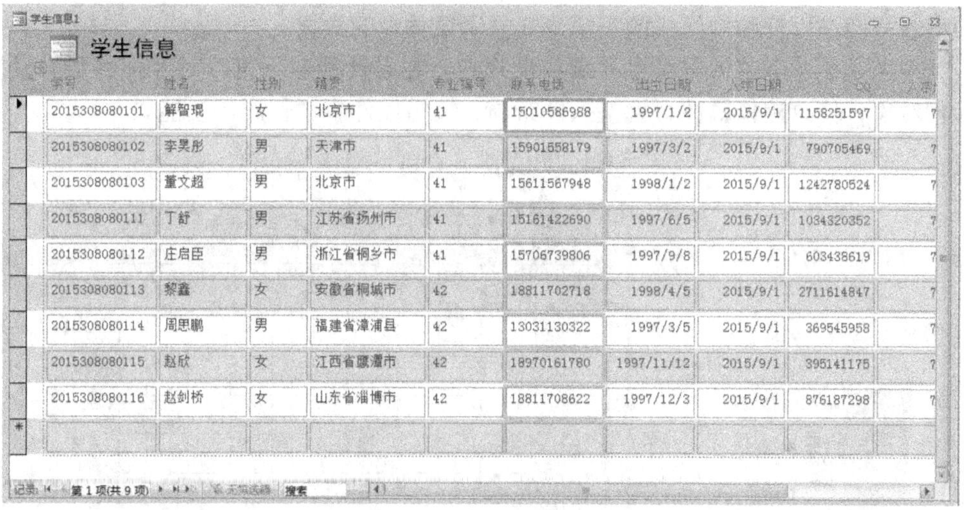

第 4 章 窗 体

图 4-3 表格式窗体

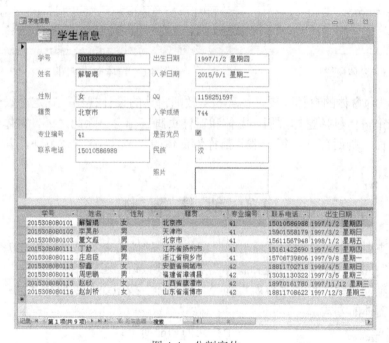

图 4-4 分割窗体

4.2 窗体视图

　　Access 为窗体对象提供了三种视图形式：窗体视图、数据表视图和设计视图。创建一个空白窗体后即可看到视图按钮下面的三种视图方式，这里也用于三种视图之间的切换，如图 4-5 所示。

　　窗体视图是窗体运行时的显示格式。在窗体视图下，可以查看窗体运行后的界面，以及根据窗体的功能进行浏览、输入、修改数据等操作。

数据表视图是以行和列组成的表格形式显示窗体中的数据。

设计视图是创建和修改窗体的主要视图形式。在设计视图下可以对各种类型的窗体实现添加控件对象、修改控件属性、调整控件布局、编写控件事件代码等功能。

图 4-5 窗体视图

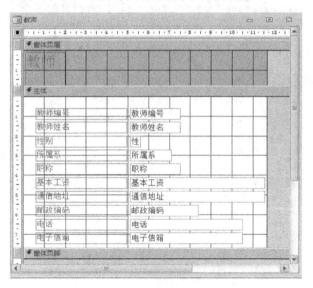

图 4-6 窗体设计视图

图 4-1 是教师窗体的窗体视图，图 4-6 是教师窗体的设计视图。在这个设计视图中，我们可以看到一个窗体包括窗体页眉、主体和窗体页脚三部分。除此之外，窗体中还可以包括页面页眉和页面页脚两部分。每一部分都称为窗体的"节"，除主体节外，其他节可通过设定确定有无。

4.3 创建窗体

创建窗体主要使用"创建"选项卡中"窗体"组的按钮来实现，如图 4-7 所示。该组按钮包括"窗体""窗体设计"和"空白窗体"三个主要按钮，还有"窗体向导""导航"和"其他窗体"三个辅助按钮。单击"导航"和"其他窗体"按钮还可以展开下拉列表，列表中提供了创建特定窗体的方式。

图 4-7 创建窗体

各个按钮的功能如下。

窗体：最快速的创建窗体的工具，只需要单击一次鼠标便可以创建窗体。使用这个工具创建窗体时，数据源中的所有字段都会放置在窗体上。

窗体设计：使用窗体设计视图来设计窗体。

空白窗体：也是一种快捷的窗体创建方式，以布局视图的方式设计和修改窗体，尤其是当窗体上只放置很少几个字段时，这种方法最适宜。

窗体向导：一种辅助用户创建窗体的工具，使用向导的形式，一步步指导用户创建窗体。

导航：用于创建具有导航按钮(即网页形式的窗体)，在网络世界把它称为表单。它又细分为 6 种不同的布局格式。虽然布局格式不同，但是创建的方式是相同的。导航工具更适合于创建 Web 形式的数据库窗体。

多个项目：使用多个项目可创建显示多个记录的窗体。

数据表：生成数据表形式的窗体。

分割窗体：可以同时提供数据的两种视图——窗体视图和数据表视图。它的两个视图连接到同一数据源，并且总是保持同步。如果在窗体的某个视图中选择了一个字段，则在窗体的另一个视图中选择相同的字段。

模式对话框：生成的窗体总是保持在系统的最上面，不关闭该窗体就不能进行其他的操作。通常用来创建登录窗体。

数据透视图：生成基于数据源的数据透视图窗体。

数据透视表：生成基于数据源的数据透视表窗体。

4.3.1 自动创建窗体

自动创建窗体可以创建一个基于单表或查询的窗体。自动创建窗体操作步骤简单，不需要设置太多参数，是一种快速创建窗体的方法。本节介绍自动创建单页窗体、数据表窗体、表格式窗体、分割窗体和数据透视图窗体。

【例 4-1】 以学生信息表为数据源自动创建一个单页窗体。

操作步骤：

① 打开教务管理数据库，在数据库导航窗格中通过单击来选择窗体的数据源"学生信息"表。

② 单击"创建"选项卡"窗体"组中的"窗体"按钮。系统即自动创建一个以学生信息表为数据源的窗体，并以布局视图显示此窗体。

③ 单击"保存"按钮，在弹出的"另存为"对话框中，输入窗体名"单页窗体"，然后单击"确定"按钮。

说明：

用这种方法创建的窗体默认以布局视图显示，单击"视图"组中的"窗体视图"后的效果如图 4-8 所示。在教务管理数据库中，学生信息表和选课表建立了一对多的关系，因此，在图 4-8 中不仅显示了学生的基本信息，还显示了每名学生所选课程的相关信息。

图 4-8 单页窗体

【例4-2】 以学生信息表为数据源自动创建一个数据表窗体。

操作步骤:

① 打开教务管理数据库,在数据库导航窗格中通过单击来选择窗体的数据源"学生信息"表。

② 单击"创建"选项卡"窗体"组中的"其他窗体",在下拉列表中选择"数据表"。系统即自动创建一个以学生信息表为数据源的窗体,并以数据表视图显示此窗体。

③ 单击"保存"按钮,在弹出的"另存为"对话框中,输入窗体名"数据表窗体",然后单击"确定"按钮。效果如图4-2所示。

【例4-3】 以学生信息表为数据源自动创建一个表格式窗体。

操作步骤:

① 打开教务管理数据库,在数据库导航窗格中通过单击来选择窗体的数据源"学生信息"表。

② 单击"创建"选项卡"窗体"组中的"其他窗体",在下拉列表中选择"多个项目"。系统即自动创建一个以学生信息表为数据源的窗体,并以布局视图显示此窗体。

③ 单击"保存"按钮,在弹出的"另存为"对话框中,输入窗体名"表格式窗体",然后单击"确定"按钮。

说明:

用这种方法创建的窗体默认以布局视图显示,在布局视图下调整各字段的宽度和高度以达到最优效果。最后单击"视图"组中的"窗体视图",效果如图4-3所示。

【例4-4】 以学生信息表为数据源自动创建一个分割窗体。

操作步骤:

① 打开教务管理数据库,在数据库导航窗格中通过单击来选择窗体的数据源"学生信息"表。

② 单击"创建"选项卡"窗体"组中的"其他窗体",在下拉列表中选择"分割窗体"。系统即自动创建一个以学生信息表为数据源的窗体,并以布局视图显示此窗体。

③ 单击"保存"按钮,在弹出的"另存为"对话框中,输入窗体名"分割窗体",然后单击"确定"按钮。切换到窗体视图后的效果如图4-4所示。

【例4-5】 以"学生信息"表为数据源创建一个数据透视图窗体,要求显示各专业学生人数分布。

操作步骤:

① 打开教务管理数据库,首先创建一个名为"各专业人数统计"的查询,统计各专业人数,SQL命令如下:

```
SELECT 专业编号,count(*) as 人数 from 学生信息 group by 专业编号;
```

② 在导航窗格中单击查询"各专业人数统计",作为窗体的数据源,然后单击"创建"选项卡"窗体"组中"其他窗体"下的"数据透视图"按钮。

③ 如图4-9所示,这里只创建了一个①②③数据透视图的框架,还需要把相关字段拖到指定位置。单击"设计"选项卡"显示/隐藏"组的"字段列表"按钮,打开如图4-10所示字段列表。

第4章 窗　　体

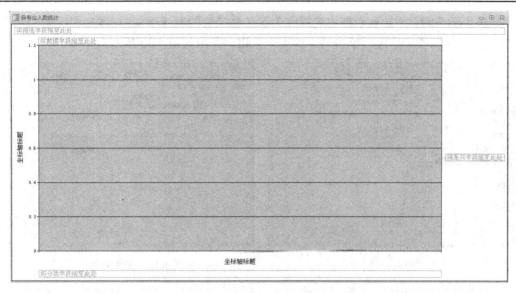

图 4-9　数据透视图框架

图 4-10　字段列表

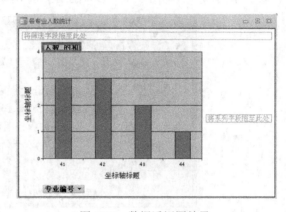

图 4-11　数据透视图效果

③ 将字段列表中的"专业编号"拖至下方的"将分类字段拖至此处"位置，再将"人数"拖至上方的"将数据字段拖至此处"位置。这时图表区显示出柱形图，效果如图 4-11 所示。

4.3.2　窗体向导

自动创建窗体的操作虽然方便快捷，但是无论在内容还是外观上都受到很大的限制，不能满足用户多样化的要求。此时可以选择使用窗体向导来创建内容更为丰富的窗体。使用向导创建窗体需要在创建的过程中选择数据源，选择要显示的字段，设置窗体的布局等。

【例 4-6】　利用窗体向导创建一个基于教师表的窗体，效果如图 4-1 所示。

操作步骤：

① 打开教务管理数据库，单击"创建"选项卡"窗体"组中的"窗体向导"，弹出"窗体向导"对话框。如图 4-12 所示。

① 在"表/查询"下拉列表框中选择作为窗体数据源的表或查询的名称。然后在"可用字段"中选定窗体需要的字段,单击"下一步"按钮,弹出如图4-13所示对话框。

 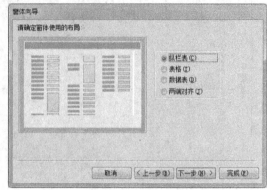

图 4-12　窗体向导(一)　　　　　　图 4-13　窗体向导(二)

② 选择窗体使用的布局。这一步给出4种布局:纵栏表、表格、数据表、两端对齐,我们以"纵栏表"为例,然后单击"下一步"按钮,弹出如图4-14所示对话框。

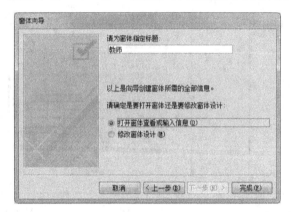

图 4-14　窗体向导(三)

③ 这一步指定创建窗体的标题,并确定是要打开窗体还是修改窗体设计。这里我们使用图4-14中的选择,然后单击"完成"按钮。

这样就使用窗体向导创建了一个窗体,如果对此窗体不满意,还可以在设计视图中对窗体进行修改和完善。这时需要用到将要在4.3.3节中介绍的窗体设计器。

4.3.3　窗体设计器

利用窗体设计器可以进行自定义窗体的创建,也可以对已有窗体进行修改和编辑。通过前面的学习我们知道,一个窗体最多有5个节:窗体页眉/页脚、页面页眉/页脚和主体。除主体外,其他节都可以通过设置来确定有无。如图4-15所示,当前的窗体视图就是"设计视图",打开的这个界面称为窗体设计器。设计视图中默认只有主体节,如果需要添加其他节,在窗体中右击鼠标,选择快捷菜单中的"页面页眉/页脚"或者"窗体页眉/页脚"命令,就能将其他节添加到窗体上。5个节添加完整后的效果如图4-16所示。

图 4-15 添加窗体节　　　　　图 4-16 窗体的构成

在图 4-6 的教师窗体设计视图中，我们可以看到，窗体页眉和主体中都放置了若干个对象，这些对象称为"控件"，绝大多数控件都是放置在主体节中用于显示或编辑数据。关于控件的详细内容请参考 4.4 节。

窗体页眉位于窗体的顶部，主要用于添加窗体标题和窗体使用说明等信息。

页面页眉用于设置窗体每一页的顶部所显示的信息，包括标题、列标题、日期和页码等。页面页眉仅当窗体打印时才会显示，且显示在每一打印页的上方。

页面页脚用于设置窗体每一页底部需要显示的信息，包括总页数、日期或页码等。与页面页眉相同，页面页脚也是在打印时才会显示，且显示在每一打印页的下方。

窗体页脚位于窗体的底部，其功能与窗体页眉基本相同，一般用于显示对记录的操作说明、设置命令按钮等。

由于窗体设计的主要作用是作用系统与用户的交互接口，所以通常很少考虑页面页眉和页面页脚的设计。

窗体中各个节的宽度和高度都可以调整，一种简单的方法是用手工调整。调整节的高度，把鼠标放到两节之间的节选择器上方变成上下方向双箭头形状后，上下拖动即可。调整节的宽度，把鼠标放到节右侧边缘，鼠标指针变成水平方向双箭头形状后，左右拖动即可（调整宽度时所有节的宽度同时调整）。

在窗体的设计视图下，系统的按钮选项卡也增加了三个选项：设计、排列和格式，如图 4-17 所示。对窗体的所有操作都可以在这里找到相应的按钮。

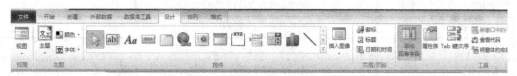

图 4-17 窗体设计视图下按钮选项卡

4.4 窗体中的控件

控件是放置在窗体中的图形对象，主要用于输入数据、显示数据、执行操作等。打开窗体的设计视图后,可以从"设计"选项卡的"控件"组中选择控件,然后添加到窗体中。窗体和控件都有丰富的属性,属性决定对象的结构、外观和行为,设置对象属性是 Access 开发数据系统的重要工作之一。

4.4.1 理解和使用属性

选中某一对象后,单击"设计"选项卡"工具"组中的"属性表"按钮,或者双击所选中的对象都可以打开属性表,进行属性设置。

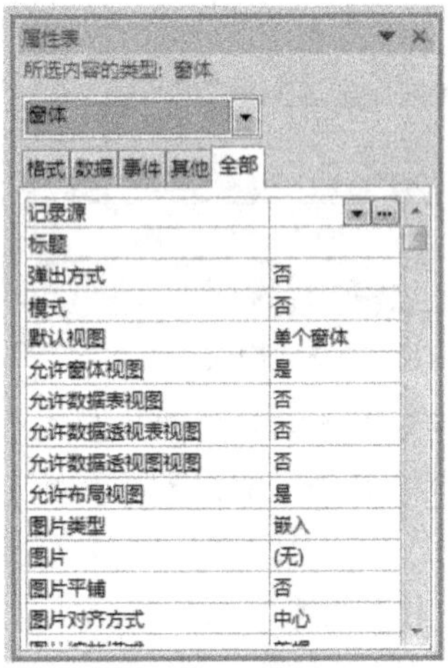

图 4-18 列出的是窗体的属性表,包括格式、数据、事件、其他和全部五组,其中格式、数据和事件是三个主要的属性组。我们分别介绍一下。

格式属性指定对象的外观布置,如宽度、"最大化"/"最小化"按钮、"关闭"按钮和图片属性等。通常格式属性都有一个默认的初始值。

数据属性主要用来指定 Access 如何对该对象使用数据,在记录源属性中需要指定窗体所使用的表或查询,另外还可以指定筛选和排序依据等。

事件属性允许为一个对象发生的事件指定命令和编写过程代码,如一个命令按钮的"单击"事件代码。控件事件属性及其使用,在宏的有关章节中详细介绍。

图 4-18 属性表

4.4.2 窗体

窗体是放置其他控件的容器,它的主要属性如表 4-1 所示。

表 4-1 窗体常用属性

属 性 名	说　　明
标题	指定窗体的显示标题
滚动条	指定窗体上是否具有滚动条
记录选定器	指定窗体运行时是否显示记录选定器,即窗体左边是否有标志块
导航按钮	指定窗体运行时是否显示导航按钮,即窗体最下边的按钮
自动居中	设置窗体运行时是否自动居于桌面中央
"最大化"/"最小化"按钮	设置窗体是否具有"最大化"/"最小化"按钮
"关闭"按钮	设置窗体是否具有"关闭"按钮
记录源	为窗体指定记录源
可移动的	设置窗体在运行时是否允许移动
允许编辑	确定窗体在运行时是否允许对数据进行编辑
允许添加	确定窗体在运行时是否允许添加记录
允许删除	确定窗体在运行时是否允许删除记录

窗体的常用事件:

- Open,窗体被打开,第一条记录还未显示时发生该事件。

- Load，窗体被打开，且显示了记录时发生该事件。Load 事件发生在 Open 之后。
- Close，窗体被关闭，但还未清屏时发生该事件。
- Activate，窗体成为活动窗口时发生该事件。Activate 事件发生在 Load 事件之后。

4.4.3 标签

当需要在窗体上显示一些说明性文字时，通常使用标签控件。标签不能用来显示字段的取值，它没有数据源。控件组中如右图所示的图标代表标签控件。

在创建除标签之外的其他控件时，都将同时创建一个标签控件用以说明该控件的作用，标签上会显示与之相关联的字段标题的文字，因此我们就不单独介绍标签的添加方法了。表 4-2 列出了标签控件的常用属性。

表 4-2 标签的常用属性

属 性 名	说　　明
标题	标签所显示的文字信息
名称	标签的名字，这是对控件的唯一标识
高度	控件的高度
宽度	控件的宽度
背景样式	透明：默认设置，显示主体节背景色；常规：显示标签的背景色
背景色	设置背景颜色
字体名称	设置标签文字的字体
字号	设置标签文字的大小
文本对齐	设置标签文本的对齐方式
字体粗细	设置文本的字体粗细，由淡到浓共 9 项选择
前景色	标签字体的颜色
边框样式	设置标签边框的样式，由虚线到实线共 8 种选择
边框宽度	设置标签边框的宽度，有 7 种选择
边框颜色	设置标签边框的颜色

4.4.4 文本框

文本框既可以用于显示指定的数据，也可以用来输入和编辑字段数据。文本框分为三种类型：绑定型、非绑定型和计算型。绑定型文本框链接到表或查询中的字段，从表或者查询中获得所需显示的数据。非绑定型文本框并不链接到表或查询的字段上，一般用来接收用户输入的数据。计算型文本框用于放置计算表达式以显示表达式的结果。控件组中如右图所示的图标代表文本框控件。

表 4-3 中列出了文本框的常用属性，与标签相同的属性这里不再赘述。

表 4-3 文本框常用属性

属 性 名	说　　明
控件来源	设置文本框控件的数据源，其值可以是字段名、表达式或空
输入掩码	设置文本框的输入格式，仅对文本型和日期型数据有效
格式	定义数字、日期、时间和文本的显示方式
默认值	设定文本框的初始值(未与字段绑定时)
有效性规则	设置在文本框中输入数据的合法性检查表达式
有效性文本	当输入的数据不符合有效性规则时，系统显示的提示文本
可用	确定能否操作该文本框，设置为"否"则不能获得焦点
是否锁定	窗体运行时文本框中的数据是否允许编辑

文本框的主要事件：
- GotFocus，发生在文本框控件获得焦点时。
- LostFocus，发生在控件失去焦点时。

文本框的常用方法：
- SetFocus，功能是使文本框控件获得焦点。

【例 4-7】 使用文本框控件，分别显示用户名、密码和当前系统日期。

操作步骤：

① 打开教务管理数据库，在"创建"选项卡"窗体"组中单击"窗体设计"按钮，创建一个新的窗体，此时窗体是以设计视图显示的。

② 在"设计"选项卡"控件"组中，单击"文本框"按钮，再将鼠标移动到窗体上合适的位置单击一下，将弹出"文本框向导"对话框，如图 4-19 所示。这个对话框用来设置文本框中文字的字体、字形、字号、特殊效果、对齐方式和行间距等。设置完成后单击"下一步"按钮，弹出如图 4-20 所示对话框。

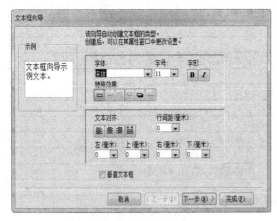

图 4-19　文本框向导（一）

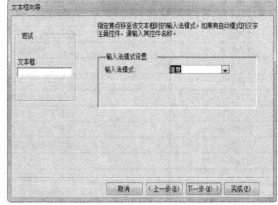

图 4-20　文本框向导（二）

③ 在这个对话框中选择输入法模式，有 3 个选项：随意、输入法开启和输入法关闭。如果文本框是用于接收汉字输入的，请选择"输入法开启"；如果文本框是用于接收英文字母或数字的，请选择"随意"或"输入法关闭"。本例选择"随意"，然后单击"下一步"按钮，弹出如图 4-21 所示对话框。

图 4-21　文本框向导（三）

④ 在"请输入文本框的名称"框中输入"用户名",单击"完成"按钮。这样就添加了一个用户名文本框到窗体中。

⑤ 按照上述步骤①~④再添加两个文本框到窗体中,不同的是,步骤④中文本框的名称要分别输入"密码"和"日期"。

⑥ 双击"密码"文本框,打开属性表,选择"数据"选项卡,单击"输入掩码"右侧的"生成器"按钮 ,在如图 4-22 所示的"输入掩码向导"对话框中选择"密码",然后单击"完成"按钮。这样就完成了"密码"文本框的设置。

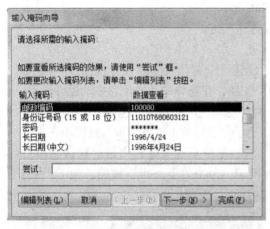

图 4-22 输入掩码

图 4-23 文本框示例一

⑦ 双击"日期"文本框,打开属性表,选择"数据"选项卡,在"控件来源"框中输入表达式"=date()";选择"格式"选项卡,在"格式"下拉列表中选择"长日期"。

⑧ 单击"视图"按钮,切换到"窗体视图",效果如图 4-23 所示,"日期"文本框中显示当前系统日期,"密码"文本框中输入内容显示为"*"。

⑨ 保存窗体名为"文本框示例一"。

【例 4-8】 添加窗口标题示例。请给例 4-6 中的窗体添加标题"文本框示例一"。

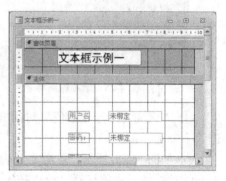

图 4-24 插入标题

操作步骤:

① 打开例 4-6 的窗体,切换到设计视图下。

② 单击"设计"选项卡"页眉/页脚"组中的"标题"按钮。这样就自动添加了窗体页眉和页脚,并在窗体页眉节中自动显示窗体标题"文本框示例一",效果如图 4-24 所示。

4.4.5 选项组

选项组是由一个组框和一组选项按钮、复选框或切换按钮组成的,其作用是对这些控件进行分组,为用户提供不同的选项。选项组控件是一个绑定型控件。如右图所示,图标代表一个选项组。表 4-4 列出了选项组的常用属性,与前面学习过的控件相同的属性这里不再赘述。

表 4-4 选项组常用属性

属 性 名	说 明
名称	选项组的名称
控件来源	即与选项组绑定的数据源
Value	选项组的值

选项组的常用事件：
- Click，当鼠标单击该选项组时发生 Click 事件。
- DblClick，当鼠标双击该选项组时发生 DblClick 事件。

【例 4-9】 选项组示例，创建一个教师职称的选项组。

操作步骤：

① 单击"创建"选项卡"窗体设计"按钮，新建一个窗体，并以设计视图打开。

② 单击"设计"选项卡"控件"组"选项组"按钮，在窗体中适当位置拖动鼠标画出一个大小适当的矩形，此时会自动弹出"选项组向导"对话框。在"请为每个选项指定标签"栏中依次输入"助教""副教授"和"正教授"，如图 4-25 所示。然后单击"下一步"按钮。

③ 在"请确定是否使某选项成为默认选项"对话框中，通常选择"是，默认选项是："这一项，这里指定"助教"为默认项，如图 4-26 所示。单击"下一步"按钮。

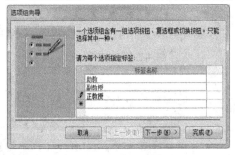

图 4-25 选项组向导(一)

图 4-26 选项组向导(二)

④ "请为每个选项赋值"对话框中各项数据使用默认值即可，如图 4-27 所示，直接单击"下一步"按钮。

⑤ 如图 4-28 所示，这里需要确定使用哪种类型的控件，有三种选择：选项按钮、复选框和切换按钮，本例选择"选项按钮"，样式选择"蚀刻"。最后单击"完成"按钮，返回到窗体设计视图中。

图 4-27 选项组向导(三)

图 4-28 选项组向导(四)

⑥ 单击选项组标题文本，如图 4-29(a)所示，将"Frame0"修改为"职称"。切换到窗体视图，效果如图 4-29(b)所示。

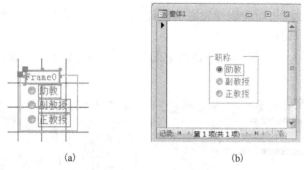

图 4-29 选项组效果图

4.4.6 组合框

组合框既允许用户在其中输入数据，又可以在其下拉列表中选择数据。组合框分为绑定型和非绑定型两种。

在窗体上创建非绑定型组合框，通常是为了通过在组合框的列表项中选择来决定窗体上要查询的内容。使用向导是创建非绑定型组合框的最好方法。创建绑定型组合框，通常会与表（或查询）中的一个字段链接到一起。在窗体视图中，选择下一条记录时，组合框的值会随之变化。

控件组中如右图所示的图标代表组合框控件。表 4-5 列出了组合框的主要属性。

表 4-5 组合框常用属性

属 性 名	说 明
行来源类型	设置控件数据源的类型
行来源	设置控件的数据源
列数	设置数据显示时有几列，默认为 1
Value	当在控件中选择某一行时，该行的值就是控件的 value
控件来源	确定在控件中选择某一行后，其值保存的去向

【例 4-10】 创建一个非绑定型组合框，使用组合框查阅表中的值。

操作步骤：

① 打开教务管理数据库，单击"创建"选项卡"窗体"组中的"窗体设计"，新创建一个窗体，并打开设计视图。

② 单击"设计"选项卡"控件"组中的组合框按钮，然后在主体节的适当位置再次单击鼠标，弹出"组合框向导"对话框，如图 4-30 所示。这里需要确定组合框获取数值的方式，有两个选择：使用组合框获取其他表或查询中的值和自行输入所需的值。我们选择第一项，单击"下一步"按钮。

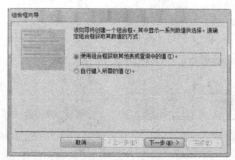

图 4-30 组合框向导（一）

③ 如图 4-31 所示,此处需选择为组合框提供数值的表或查询,我们选择"表:授课",然后单击"下一步"按钮。

④ 接着需要选择一个字段成为组合框中的列,如图 4-32 所示,我们选择"授课地点"。单击"下一步"按钮。

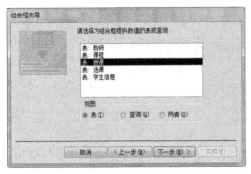 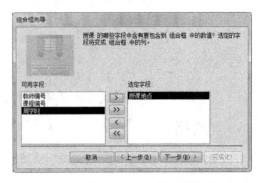

图 4-31 组合框向导(二)   图 4-32 组合框向导(三)

⑤ 如图 4-33 所示,确定要为组合框中的项使用的排序次序,我们选择"授课地点"升序排列。单击"下一步"按钮,在图 4-34 所示对话框中,使用默认宽度即可,再次单击"下一步"按钮。

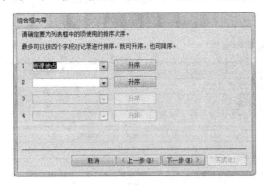 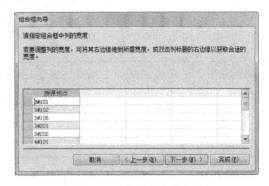

图 4-33 组合框向导(四)   图 4-34 组合框向导(五)

⑥ 最后一步确定组合框的标签,使用默认值即可如图 4-35 所示。单击"完成"按钮,返回窗体设计视图。

⑦ 单击"视图"按钮切换到"窗体视图",可以看到组合框运行效果,如图 4-36 所示。

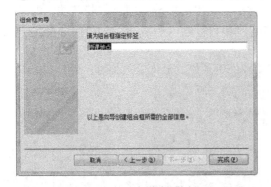 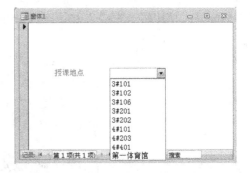

图 4-35 组合框向导(六)   图 4-36 组合框运行效果

【例 4-11】 在教师窗体上创建一个教师姓名组合框,用来查找指定的教师信息。

操作步骤：

① 打开教务管理数据库，再打开教师窗体的设计视图。

② 在"设计"选项卡"控件"组中单击"组合框"控件，然后在窗体页眉上适当的位置单击鼠标，打开"组合框向导"对话框，在"确定组合框获取其数值的方式"中选择第三项"在基于组合框中选定的值而创建的窗体上查找记录"，如图 4-37 所示。然后单击"下一步"按钮。

③ 接下来的几步与例 4-9 类似，这里简单说明一下。在"可用字段"中选择"教师姓名"，单击"下一步"按钮。然后使用默认宽度，再次单击"下一步"按钮，在指定标签框中输入"教师姓名"，单击"完成"按钮即可。

④ 切换到窗体视图，运行效果如图 4-38 所示。当我们在组合框中选择某一位教师姓名时，下面就会显示该教师的相关信息。

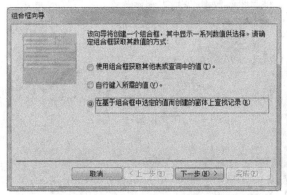
图 4-37 "组合框向导"对话框

图 4-38 "运行效果"对话框

4.4.7 命令按钮

命令按钮是一个非绑定型控件，它的主要功能是接收用户指令，控制程序流程等。右图所示的图标代表一个命令按钮，表 4-6 中列出了命令按钮的常用属性。

表 4-6 命令按钮常用属性

属 性 名	说　　明
名称	命令按钮的名字，唯一标识
标题	命令按钮上显示的文本
可用	设置命令按钮在运行时是否有效

命令按钮的主要事件：

● Click，在单击该按钮时发生 Click 事件。
● DblClick，用鼠标双击该按钮时发生 DblClick 事件。

【例 4-12】　在例 4-5 创建的教师窗体上，创建一个"添加记录"按钮。

操作步骤：

① 打开教务管理数据库中的"教师"窗体，切换到设计视图。在"设计"选项卡"控件"组中单击"按钮"控件，在窗体页脚的适当位置单击鼠标，即打开"请选择按下按钮时执行

的操作"对话框。如图 4-39 所示,在"类别"中选择"记录操作",在"操作"中选择"添加新记录"。然后单击"下一步"按钮。

② 如图 4-40 所示,选择"文本",并使用默认内容"添加记录",单击"下一步"按钮。

③ 指定按钮的名称,这里输入"添加记录",单击"完成"按钮,如图 4-41 所示。

④ 返回教师窗体的窗体视图,运行效果如图 4-42 所示。我们看到窗体下方增加了一个"添加记录"按钮,单击该按钮会出现空白记录,直接在此空白记录中输入数据就能在表中添加一条新记录了。

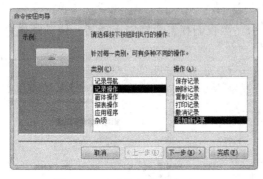

图 4-39 命令按钮向导(一)

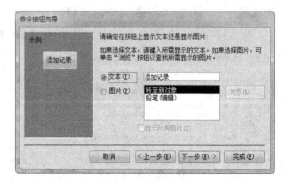

图 4-40 命令按钮向导(二)

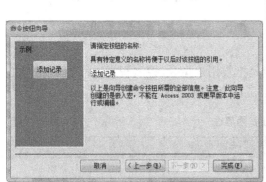

图 4-41 命令按钮向导(三)

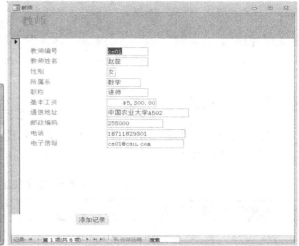

图 4-42 命令按钮运行效果

在图 4-39 中,我们可以看到,能够添加到窗体上的按钮一共有 6 类,每一类又可以执行若干种操作,这些按钮基本可以满足数据库系统开发的需要。功能更加复杂或超出此范围的按钮需要用到后面章节中 VBA 的知识来编写程序代码实现。

4.4.8 子窗体

子窗体是包含在另一个窗体中的窗体,基本窗体被称为主窗体,主窗体中的窗体被称为子窗体。主/子窗体一般用来显示具有一对多关系的表或查询中的数据,并保持同步。主窗体

显示一对多关系中"一"方数据表中的数据，子窗体显示"多"方数据表中与主窗
体当前记录相关的记录。右图所示的图标代表子窗体控件。

请注意，主窗体和子窗体中数据同步，需要满足以下两个条件之一：

(1) 已经为选定的两个表定义了一对多关系。

(2) 主窗体的数据源表存在主关键字字段，而子窗体的数据源表又包含与主键同名，并且数据类型和字段长度相同的字段。

下面我们通过一个例子来学习建立主/子窗体的方法。

【例4-13】 主/子窗体示例。

操作步骤：

① 打开教务管理数据库，单击"创建"选项卡"窗体"组中的"窗体设计"按钮，打开窗体设计视图。

② 先建立主窗体。单击"设计"选项卡"添加现有字段"按钮，在打开的"字段列表"对话框中单击"显示所有表"，打开"教师"表，如图4-43所示，依次将教师编号、教师姓名、所属系、职称和电话字段拖动到窗体的合适位置。这样建立的窗体中字段位置不容易对齐，显得比较凌乱，请参考4.6节中对齐控件的方法将主窗体控件摆放整齐。

③ 单击"设计"选项卡"控件"组中的"子窗体"按钮，然后在主窗体下方拖动鼠标画出一个适当的矩形，在打开的"子窗体向导"对话框中选择"使用现有的表和查询"，如图4-44所示。单击"下一步"按钮。

 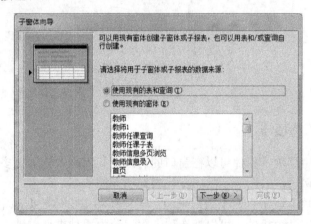

图 4-43 选择字段　　　　　　图 4-44 子窗体向导(一)

④ 在"请确定在子窗体或子报表中包含哪些字段"对话框中，我们先在"表/查询"下面选择"表：授课"，再将授课表的全部字段都列为选定字段，如图4-45所示。单击"下一步"按钮。

⑤ 如图4-46所示，这里需要设置关联字段，要将主窗体和子窗体关联起来，我们首先选定"自行定义"，然后在"窗体/报表字段"下选择"教师编号"，同样，"子窗体/子报表字段"下也选择"教师编号"。单击"下一步"按钮。

⑥ 最后一步指定子窗体的名称，这里我们输入"授课信息"，单击"完成"按钮。

⑦ 切换到窗体视图，运行效果如图4-47所示。主窗体中显示一名教师信息，子窗体中显示该教师所授课程的相关信息。

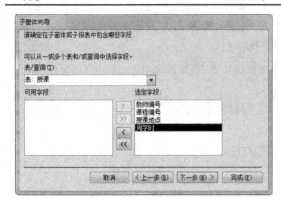
图 4-45　子窗体向导(二)

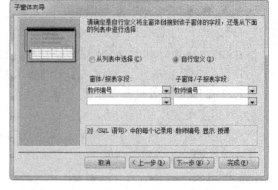
图 4-46　子窗体向导(三)

图 4-47　子窗体运行效果

4.4.9　选项卡

应用选项卡控件可以在窗口的有限空间内高效管理更多信息，控件属性表就是很典型的例子。右图所示的图标代表选项卡控件。

选项卡通常有两个数据来源：子窗体和主窗体数据源中的字段。根据各个选项卡页中显示的数据是否相关，可以把选项卡窗口分为两种类型：独立型和相关型。

独立型指的是每个页面上显示的信息相互独立；相关型指的是每个页面上显示的信息与主窗体的信息相关联。创建独立型选项卡窗体时，其主窗体是不设置数据源的，主窗体仅仅起着容器的作用。一个选项卡由多个页面组成，每个页面上存放来自不同数据源的信息。而相关型选项卡窗体是一种主子窗体，主窗体是有数据源的，子窗体放在页面上，子窗体和主窗体的数据源之间存在链接关系，也可以把主窗体数据源的字段放置在页面上。下面我们通过两个例题来分别介绍这两种类型。

【例 4-14】　创建"教师信息统计"窗体，该窗体包含两页内容，一页是教师职称统计，另一页是教师所属系别统计，使用选项卡分别表示这两页内容。

操作步骤：

①打开教务管理数据库，先创建一个名为"教师职称统计"的查询，用来统计教师表中各职称人数。SQL 命令如下：

```
SELECT 职称, count(*) AS 人数 FROM 教师 GROUP BY 职称;
```

再用相同的方法创建一个名为"教师系别统计"的查询,用来统计各系教师的人数。SQL命令如下:

```
SELECT 所属系,count(*) as 人数 from 教师 group by 所属系;
```

② 单击"创建"选项卡"窗体"组的"窗体设计"按钮,打开窗体设计视图。将主体节调整到合适的大小。

③ 在"设计"选项卡"控件"组中单击"选项卡"按钮,在窗体上适当的位置拖动鼠标画一个充满主体的矩形,如图4-48所示。

④ 然后在"页1"的空白部分单击鼠标右键,选择快捷菜单中的"属性"命令,打开"页1"的属性表。在"全部"选项卡中设置页1的"标题"属性值为"教师职称统计",如图4-49所示。用同样的方法设置"页2"的标题属性为"教师系别统计"。

图 4-48 创建选项卡控件

图 4-49 页 1 属性表

⑤ 在"控件"组中选择"列表框"控件,然后到"教师职称统计"页中拖出一个合适的矩形,在打开的"列表框向导"对话框中选择"使用列表框获取其他表或查询中的值",如图4-50所示,单击"下一步"按钮。

⑥ 在"请选择为列表框提供数值的表或查询"对话框中,先单击"视图"下的"查询"项,然后在上面的列表中选择查询"教师职称统计",如图4-51所示,单击"下一步"按钮。

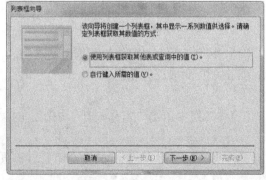

图 4-50 列表框向导(一)

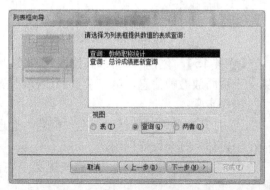

图 4-51 列表框向导(二)

⑦ 如图 4-52 所示，这里需要选择要包含到列表框中的字段，我们选择全部字段，然后单击"下一步"按钮。

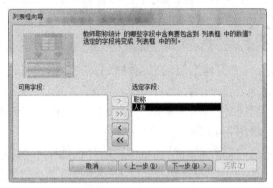

图 4-52　列表框向导（三）

⑧ 在确定排序次序对话框中，不进行设置，直接单击"下一步"按钮。在"指定列表框中列的宽度"对话框中，调整各列到合适的宽度，单击"下一步"按钮。在确定一列准备在数据库中存储或使用的数值时，也不进行设置，直接单击"下一步"按钮。最后，为列表框指定标签时，将输入框内容删除为空，单击"完成"按钮。

⑨ 切换到窗体视图，效果如图 4-53 所示。

通过例 4-14 可知，选项卡默认页数是两页，可以手动增加或者减少页面的个数。方法：在设计视图中，右击选项卡，弹出快捷菜单，如图 4-54 所示，选择"插入页"或"删除页"命令即可实现页面的增加或删除。下面的例 4-15 就是包含三个页面的选项卡窗体。

图 4-53　列表框效果　　　　　　　　图 4-54　选项卡快捷菜单

【例 4-15】　创建一个教师-授课-课程选项卡窗体，共有三页。主窗体的数据源是教师表，第一个页面放教师信息，第二个页面放授课信息，第三个页面放课程信息。

操作步骤：

① 打开教务管理数据库，在"创建"选项卡"窗体"组中单击"窗体设计"按钮，创建一个空窗体，打开设计视图。

② 在窗体中右击鼠标，选择快捷菜单中的"窗体页眉/页脚"命令，添加窗体页眉和页脚节。

③ 打开窗体属性表，设置窗体的"记录源"为"教师"表。

④ 添加选项卡控件,并将页面数增加为三个。将三个页面的标题依次设置为"教师信息"、"授课信息"和"课程信息"。

⑤ 在窗体页眉上添加标题"教师授课及课程信息",效果如图 4-55 所示。

⑥ 单击"设计"选项卡上"添加现有字段"按钮,将教师表的教师编号、教师姓名、所属系、职称和电话字段依次拖到"教师信息"页上。效果如图 4-56 所示。

图 4-55　效果图(一)　　　　　　　　图 4-56　效果图(二)

⑦ 选中"授课信息"页,将左侧导航窗格中的"授课"表拖动到"授课信息"页面上。然后出现的"子窗体向导"都采用默认值,直到完成。

⑧ 这样就添加了一个授课表的子窗体,把子窗体的附加标签删掉,调整子窗体及子窗体内控件的大小,结果如图 4-57 所示。

图 4-57　效果图(三)

⑨ 第三个"课程信息"页面的内容需要根据"授课信息"页面上显示的课程编号来显示相对应的课程详细信息,这里需要用到宏及程序设计的内容,请读者学习后面章节之后再来思考解决本问题。

4.5　美化窗体

4.5.1　选择和移动控件

要调整或修改控件,首先要选定它,然后再操作,选中某个控件后,它的四周出现 8 个实心方块，称为控制柄，其中左上角的控制柄作用特殊，所以比较大。控制柄的作用是调整控件大小、位置。选定控件的操作如下。

- 选中一个控件：单击该控件；
- 选中多个不相邻的控件：按住 Shift 键，逐个单击每个控件；
- 选中多个相邻控件：从空白处开始拖动鼠标拉出一个虚线框，将需要的控件包围起来；
- 选中全部控件：使用组合键 Ctrl+A；

选中一个控件，当鼠标放在控件左上角控制柄上时，会变为四个方向十字箭头样式，这时拖动鼠标就可以拖动控件移动；当鼠标放在左上角控件柄之外的其他地方也变为四个方向十字箭头样式时，拖动鼠标会将该控件及其附加标签一起移动。

4.5.2 调整控件大小和对齐控件

选中一个控件，将鼠标放在除左上角之外的其他控制柄上，鼠标都会变为相应的形状，这时拖动鼠标就会改变控件的大小。当选中多个对象时，拖动会同时改变多个对象的大小。

拖动鼠标来修改控件大小的方式是粗略的，不精确的，如果需要将控件尺寸精确设置，就需要打开控件的属性表，在"格式"选项卡中将"宽度"和"高度"属性值设置为需要的具体数值。

图 4-58 对齐方式

当窗体中有多个控件时，控件的排列布局直接影响到窗体的美观效果，在实际应用中还可能影响到工作效率，通过鼠标拖动来调整控件对齐的方法不仅效率低，而且通常难以达到理想的效果。对齐控件最快捷的方法是使用对齐按钮，如图 4-58 所示。操作步骤如下：

首先选中需要对齐的多个控件，然后单击"排列"选项卡上的"对齐"按钮，从下面选择一种对齐方式。

4.5.3 调整间距和外观设置

调整多个控件之间水平和垂直间距的最简便的方法是在"排列"选项卡中单击"大小/空格"按钮，根据需要在下面可以选择"水平相等"、"水平增加"、"水平减少"、"垂直相等"、"垂直增加"和"垂直减少"等命令，如图 4-59 所示。

控件的外观，包括控件的前景色、背景色、字体、字号、字型、边框、特殊效果等多个格式属性，在属性表中，设置格式属性就可以修改控件的外观。

图 4-59 间距调整

4.5.4 应用主题和添加图片

"主题"是整体上设置数据库系统，使所有窗体具有统一色调的快捷方法。每一个主题都为数据库系统的多有窗体页眉上的元素提供了完整的格式，利用主题可以非常容易地创建具有专业水准、设计精细、时尚美观的数据库系统。

在"窗体设计工具/设计"选项卡"主题"组中有三个按钮：主题、颜色和字体，通过这3个按钮实现对数据库整体效果的设置。另外，Access 2010 还提供了44套主题供用户选择。

图 4-60　主题

除了使用主题之外，在窗体上放置合适的图片，也是美化窗体的常用操作。徽标是最常用的图片，可以使窗体更具个性和独有的特点。在数据库系统开发过程中，通常会把公司或单位的徽标添加在登录窗体上。

在窗体上添加图片可以使用"图像"控件，也可以通过修改窗体的"图片"属性来实现。两种方法相比较，前一种方式更简单些。

【例 4-16】　在教务管理数据库中创建一个登录窗体，并添加一张徽标图片。

操作步骤：

① 打开教务管理数据库，单击"创建"选项卡"窗体"组中的"窗体设计"按钮，新建一个空白窗体，打开设计视图。

② 在"设计"选项卡"控件"组中单击"插入图像"按钮，如图 4-61 所示，"图像库"中显示的是最近浏览过的图片，我们选择其中一张后，返回到窗体中，拖动鼠标，画出一个适当大小的矩形，所选中的图片就被插入到设定位置。

图 4-61　插入图像

第5章 报　　表

在实际应用中，一个数据库系统操作的最终结果是要打印输出的。报表就是数据库中数据打印输出时的格式。设计合理的报表能使数据清晰地呈现在纸张上，把需要传达的汇总、统计或者摘要等信息展现的一目了然。有时候报表的制作过程比窗体更加复杂，为了实现数据按照特定要求和格式正确打印出来，需要经过反复测试和调整，这种调整是非常浪费时间的。

5.1 认识报表

5.1.1 报表概述

报表的主要功能就是将数据库中的数据按照用户选定的结果，以一定格式打印输出。具体来说有以下三点：

- 在大量数据中进行比较、小计、分组和汇总，并分析数据。
- 设计成目录、表格、发票、订单、标签等多种形式
- 生成带有数据透视图或数据透视表的报表，增加数据可读性。

Access 2010 提供多种制作报表的方式，帮助用户快速完成基本设计工作。制作满足要求的专业报表最好使用报表设计视图。报表设计视图的操作方式与窗体设计视图非常相似，报表的设计区域、属性设置区几乎与窗体的一样，因此窗体设计的绝大部分操作技巧都可以套用在报表设计中。

那么，窗体和报表有什么区别呢？首先，窗体和报表的设计目标不同。窗体主要用来帮助用户完成日常的管理工作，而报表则是为了分析以及汇总数据，以便为决策提供相关的数据依据。其次，窗体和报表显示数据的位置不同。窗体的数据显示在窗口中，报表的数据打印在纸上。最后，窗体和报表对数据的操作方式不同。窗体上的数据既可以浏览也可以修改，报表的数据只能浏览而不能修改。

按照报表的结构可以把报表分为如下几种类型。

(1) 表格式报表：以整齐的行、列形式显示数据。通常一行显示一条记录，一页显示多行记录。记录的字段信息放在页面页眉节中显示，记录数据放在主体节中显示。如图 5-1 所示。

学生信息1

学号	姓名	性别	籍贯	联系电话	入学成绩	是否党员
2015308080101	解智琨	女	北京市	15010586988	744	☑
2015308080102	李昊彤	男	天津市	15901558179	765	☐
2015308080103	董文超	男	北京市	15611567948	764	☐
2015308080111	丁舒	男	江苏省扬州市	15161422690	757	☐
2015308080112	庄启臣	男	浙江省桐乡市	15706739806	766	☐
2015308080113	黎鑫	女	安徽省桐城市	18811702718	743	☐
2015308080114	周思鹏	男	福建省漳浦县	13031130322	789	☐
2015308080115	赵欣	女	江西省鹰潭市	18970161780	777	☑
2015308080116	赵剑桥	女	山东省淄博市	18811708622	732	☐

图 5-1　表格式报表

(2) 纵栏式报表：以垂直方式在每页主体区显示记录。纵栏式报表可以安排显示一条记录的区域，也可以同时显示一对多关系中"多"的一方的多条记录，甚至包括合计。记录的字段信息与记录数据一起放在主体节中同时显示。如图 5-2 所示。

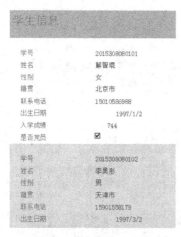

图 5-2　纵栏式报表　　　　　　　　图 5-3　标签报表

(3) 标签报表：一种特殊形式的报表，主要用于打印书签、名片、邀请函、准考证等特殊用途。如图 5-3 所示。

(4) 数据透视图(表)报表：以图表或者透视表形式实现的报表。

5.1.2　报表的视图

Access 2010 为报表提供了 4 种视图：报表视图、打印预览视图、布局视图和设计视图。

报表视图用于查看报表的字体、字号、常规布局等版面设置。它是在报表设计完成之后最终被打印的视图。在报表视图中可以对报表引用高级筛选来选择所需要的信息。

打印预览视图用于查看报表和每一页上显示的数据。在打印预览视图中，鼠标通常以放大镜方式显示，单击鼠标就可以改变报表的显示大小。

布局视图可以在显示数据的情况下，调整报表的设计，比如调整列宽，将列重新排列并添加分组级别和汇总等。报表的布局视图和窗体的布局视图的功能和操作方法十分相似。

设计视图用于创建和编辑报表的结构。

5.2　自动创建报表

Access 2010 中，可以使用 4 种方法创建报表：自动创建报表、创建空报表、报表向导创建报表、设计视图创建报表，所使用的按钮如图 5-4 所示。下面通过例题来学习常用的创建报表的方法。

图 5-4　报表按钮

【例 5-1】 基于"学生信息"表使用"报表"按钮创建报表。

操作步骤:

① 打开教务管理数据库,在左侧导航窗格单击"学生信息"表,作为数据源。

② 单击"创建"选项卡"报表"组中的"报表"按钮。这样就创建了一个数据表格式的报表,并以布局视图显示,如图 5-5 所示,再调整一下行高和列就可以了。

图 5-5 效果图

使用"报表"按钮是最快捷的创建报表的方式,它既不向用户提示信息,也不需要用户做任何其他操作就可以立即生成报表。在创建的报表中显示了基础表或查询的所有字段。这种方法创建的报表通常用于快速查看基础数据,它无法建立完美的专业报表。

【例 5-2】 使用报表向导创建一个能输出学生学号、姓名、性别、籍贯和入学成绩的报表。

操作步骤:

①打开教务管理数据库,在导航窗格中选择"学生信息"表。

② 在"创建"选项卡"报表"组中单击"报表向导"按钮。在打开的"请确定报表上使用哪些字段"对话框中,数据源已经确定为"学生信息"表,在"可用字段"列表中依次双击学号、姓名、性别、籍贯和入学成绩,将它们发送到"选定字段"列表中。然后单击"下一步"按钮,如图 5-6 所示。

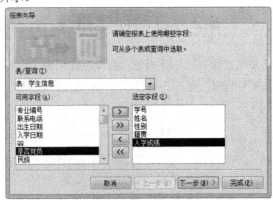

图 5-6 报表向导(一)

③ 在打开的"是否添加分组级别"对话框中,选择"性别",再单击按钮 > ,就确定了按性别来分组。然后单击"下一步"按钮,如图 5-7 所示。

④ 在"确定排序次序"对话框中,选择按学号升序排列,然后单击"下一步"按钮。

⑤ 在"确定报表的布局方式"对话框中,使用默认值,然后单击"下一步"按钮。如图 5-8 所示。

图 5-7 报表向导(二)

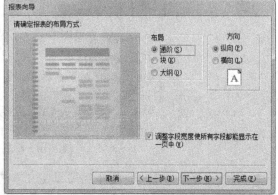

图 5-8 报表向导(三)

⑥ 在最后一个对话框中指定报表的标题,输入"学生部分信息报表",单击"完成"按钮。这样就利用报表向导创建了一个报表,并用打印预览视图显示。

⑦ 切换到设计视图,调整各列的宽度,最终效果如图 5-9 所示。

学生部分信息报表				
性别	学号	姓名	籍贯	入学成绩
男				
	201530808 0102	李昊彤	天津市	765
	201530808 0103	董文超	北京市	764
	201530808 0111	丁舒	江苏省扬州市	757
	201530808 0112	庄启臣	浙江省桐乡市	766
	201530808 0114	周思鹏	福建省漳浦县	789
女				
	201530808 0101	解智琨	北京市	744
	201530808 0113	黎鑫	安徽省桐城市	743
	201530808 0115	赵欣	江西省鹰潭市	777
	201530808 0116	赵剑桥	山东省淄博市	732

图 5-9 效果图

【例 5-3】 制作学生信息标签报表。

操作步骤:

① 打开教务管理数据库,在左侧导航窗格单击"学生信息"表作为报表的数据源。

② 单击"创建"选项卡"报表"组中的"标签"按钮,在打开的"请指定标签尺寸"对话框中选择一种型号,也可以通过"自定义"按钮自己定义合适的尺寸。这里我们选择第一个型号,然后单击"下一步"按钮,如图 5-10 所示。

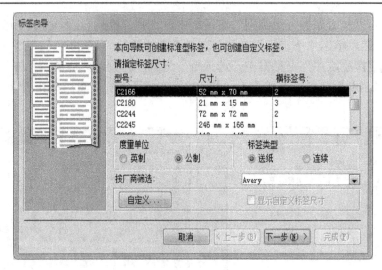

图 5-10　标签报表向导(一)

③ 接下来打开的对话框中需要设定文本的字体和颜色,可根据需要设定,本例使用楷体,11 号字,中等粗细和蓝色字体,如图 5-11 所示,然后单击"下一步"按钮。

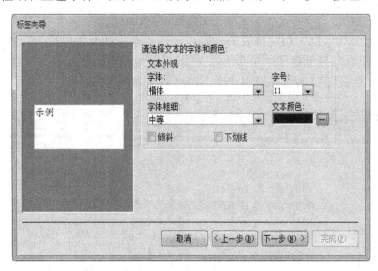

图 5-11　标签报表向导(二)

④ 打开"请确定邮件标签的显示内容"对话框,在"原型标签"中输入"学号",然后将"可用字段"中的"学号"发送到"原型标签"中。这样就完成了第一行内容的输入,接下来继续输入第二行。先按回车键换行,然后输入"姓名"两个字,再将"可用字段"中的"姓名"发送到"原型标签"中。照此方法,继续输入"性别""籍贯""联系电话""出生日期"和"入学成绩",如图 5-12 所示,然后单击"下一步"按钮。

⑤ 在打开的"请确定按哪些字段排序"对话框中,选择"学号"字段,将它发送到"排序依据"列表中,然后单击"下一步"按钮,如图 5-13 所示。

⑥ 在最后一个对话框中输入报表名称,单击"完成"按钮,就创建了一个学生信息的标签报表,同时该报表以打印预览视图显示,效果如图 5-14 所示。

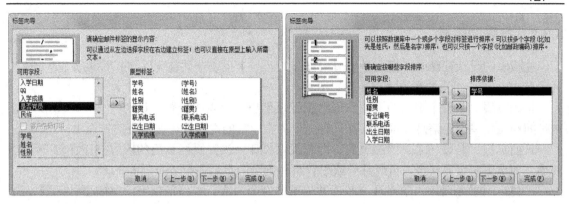

图 5-12　标签报表向导（三）　　　　　　图 5-13　标签报表向导（四）

图 5-14　标签报表效果

5.3　使用设计视图创建报表

要制作外观精美、功能完备的专业报表，只依靠报表向导是无法实现的，必须使用报表设计视图才能完成。

5.3.1 报表的组成

在报表的设计视图中,报表是按节来设计的。一个报表一共包含 7 节:报表页眉/页脚、页面页眉/页脚、组页眉/页脚和主体。

报表页眉:是整个报表的页眉,通常用于显示整个报表的标题、说明性文字、图形、制作时间和制作单位等信息。每个报表只有一个页眉,它的内容打印在报表的首页上。

页面页眉:是每一个页面的页眉,即每页均打印一次。页面页眉的内容打印在每一页的顶端。如果页面页眉和报表页眉共同放于首页,则页面页眉在报表页眉的下方。

主体:用于处理每一条记录,即每条记录均打印一次。主体是报表内容的主体区域,通常会包含计算字段。

页面页脚:打印在每一页的底部,通常用于显示本页的汇总信息或者页码。

报表页脚:打印在整个报表的末端,通常用它显示整个报表的计算汇总、日期或者说明性文字。

组页眉:分组后在报表每一小组头部打印。同一组的记录显示在主体节,组页眉用来输出每一组的标题,即每组打印一次。

组页脚:分组后在报表每一小组的底部打印。主要用于统计每一组的汇总信息。

报表设计的复杂性主要表现在组页眉和组页脚上,因为在大多数报表中,都需要对数据进行分组,组中还可以嵌套组,所以在微观结构上,报表比窗体复杂得多。

5.3.2 报表设计工具选项卡

打开报表设计视图后,功能区上自动出现"报表设计工具"选项卡,其下包括 4 个子选项卡"设计""排列""格式"和"页面设置",如图 5-15 所示。

图 5-15 报表设计工具选项卡

在"设计"选项卡中,除了"分组和汇总"组外,其他都与窗体的设计选项卡相同,这里不再赘述,"分组和汇总"组中的控件将在下面介绍。由于"排列"选项卡和"格式"选项卡中的控件与窗体的对应选项卡相同,这里也不再介绍了。"页面设置"选项卡是报表特有的选项卡。这个选项卡中包含"页面大小"和"页面布局"两个组,用来对报表页面的纸张大小、边距、方向列等内容进行设置,如图 5-16 所示。

图 5-16 页面设置选项卡

创建报表的目的就是把数据打印在纸张上,因此设置纸张大小和页面布局是必不可少的工作。为了提高工作效率,建议在报表创建之前进行页面设置。Access 2010 中报表的纸张大小和页面布局都有默认设置,比如,纸张是 A4 纸,页边距有三种固定格式等。对于要求不复杂的报表,采用默认值即可,否则就需要进行详细的设置。主要操作步骤如下:

(1) 单击"纸张大小"按钮,打开如图 5-17 所示列表,可以从中选择合适的纸张。

(2) 单击"页边距"按钮,打开如图 5-18 所示列表。Access 2010 提供了三种固定页边距格式:宽、窄和普通,还保留了上一次的自定义设置,方便用户选择。列表中的选项都不适合时,就需要单击"页面设置"按钮了。如图 5-19 所示,用户可以自定义页边距。

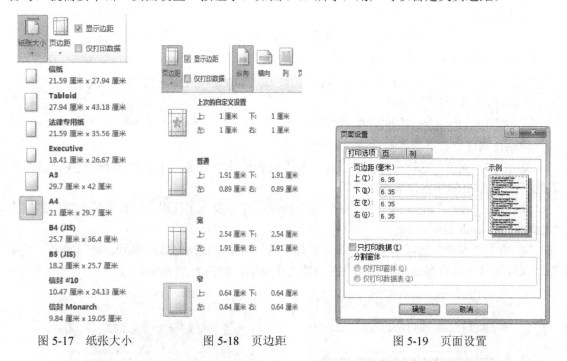

图 5-17　纸张大小　　　图 5-18　页边距　　　图 5-19　页面设置

(3)"页面设置"对话框的第二个选项卡用于对"页"进行设置,如纸张方向、纸张大小等,如图 5-20 所示。第三个选项卡用于对"列"进行设置,如列数、行间距、列尺寸、列布局等,如图 5-21 所示。

图 5-20　页　　　　　　　　　　图 5-21　列

5.3.3 使用设计视图创建报表

对于简单的报表，通常使用向导和报表工具来创建；对于复杂的报表，可以使用报表向导创建之后，在设计视图中进行修改，这也是设计者常用的效率最高的方式。当然，也可以使用设计视图直接进行创建，这就需要设计者具备熟练使用控件的能力。

【例 5-4】 创建一个报表，打印输出教师编号、教师姓名、所属系、课程编号、课程名称和学时信息。

操作步骤：

① 打开教务管理数据，创建一个包含教师编号、教师姓名、所属系、课程编号、课程名称和学时字段的查询，SQL 命令如下：

```
SELECT 教师.教师编号,教师姓名,所属系,课程.课程编号,课程名称,学时
FROM 课程,教师,授课
WHERE 教师.教师编号=授课.教师编号 AND 课程.课程编号=授课.课程编号
```

将该查询保存为"教师授课情况查询"。

② 单击"创建"选项卡"报表"组中的"报表设计"按钮，打开报表设计视图，这时报表的页面页眉/页脚和主体节同时出现。

③ 单击"设计"选项卡上的"属性表"按钮，打开报表属性表，设置"记录源"属性为"教师授课情况查询"。

④ 单击"设计"选项卡上的"添加现有字段"按钮，依次将教师编号、教师姓名、所属系、课程编号、课程名称和学时字段拖动到主体节中，如图 5-22 所示。

图 5-22 主体添加字段

图 5-23 添加标题并对齐

⑤ 单击"设计"选项卡"页眉/页脚"组中的"标题"按钮，添加标题"教师授课情况报表"。

⑥ 框选左侧标签列，如图 5-23 所示，再单击"排列"选项卡上的"对齐"按钮，选择"靠左"。用同样的方法将右侧文本框列也靠左对齐。

⑦ 右击报表，在快捷菜单中取消"页面页眉/页脚"。切换到报表视图下，最终效果如图 5-24 所示。

这个报表还不够完整和美观，我们还可以加入页码、徽标、当前系统日期和时间。操作步骤：

⑧ 单击"设计"选项卡"页眉/页脚"组中的"页码"按钮，如图 5-25 所示，设置页码的格式、位置和对齐方式，单击"确定"按钮。

图 5-24 报表效果

图 5-25 插入页码

表 5-1 中给出了页码的常用格式，其中[Page]是页码变量，[Pages]是页数变量。这些表达式也可以直接在文本框控件中输入。

表 5-1 页码常用格式

表 达 式	结 果
=[Page]	1
="Page"&[Page]	Page1
="第"&[Page]&"页"	第1页
"Page"&[Page]&"of"&[Pages]	Page1 of 3
="第"&[Page]&"页"&",共"&[Pages]&"页"	第1页，共3页
=format([Page],"000")	003

⑨ 单击"设计"选项卡"页眉/页脚"组中的"徽标"按钮，然后在"插入图片"对话框中选择合适的徽标，就能在报表页眉中，标题文字左侧插入徽标图片。

⑩ 单击"设计"选项卡"页眉/页脚"组中的"日期和事件"按钮，就能在报表页眉中，标题文字的右侧插入日期和时间。

⑪ 将报表保存为"教师授课情况报表"。

【例 5-5】 将例 5-4 中的"教师授课情况报表"修改为表格式。

操作步骤：

① 打开"教师授课情况报表"，切换到设计视图。选中主体节中的全部字段，然后单击"排列"选项卡"表格"组中的"表格"按钮。这时报表的布局发生了变化，如图 5-26 所示。字段附加标签移到页面页眉节中，附加标签和字段上下一一对齐，成为表格形式。

图 5-26　表格报表

② 在"页面页眉"节中拖动左上角四方向控制符，把所有字段沿水平方向向左拖动到左边框处。

③ 在"页面页眉"中单击"教师编号"标签，把鼠标放在边框右侧，变为水平左右方向箭头时，向左拖动鼠标，调整控件到合适大小。用同样的方法，对其他字段也分别调整。

④ 向上调整"页面页眉"节和"主体"节的分节符，使分节符仅靠在控件下边。再适当缩小"页面页脚"节和"报表页脚"节的宽度。

⑤ 在"设计"选项卡"控件"组中单击"直线"按钮，在"页面页眉"节中，标题下面画一条水平直线。单击"属性表"，打开该直线控件的属性列表，设置它的边框宽度为"2pt"，边框颜色为蓝色。完成效果如图 5-27 所示。

小技巧：按住 Shift 键可保证画线时的水平或垂直。

图 5-27　效果

5.4 报表的计算

在实际应用中，报表中的数据经常需要进行一些计算，例如，对记录的数值进行分类汇总；计算某个字段的总计或平均值；计算满足一定条件的记录所占百分比等。要进行计算就需要用到控件，文本框是报表中最常用的计算和显示结果控件。进行计算的基本步骤是在适当位置添加计算控件，然后在控件内输入相应的计算表达式。

5.4.1 公式计算

利用公式和函数是最常用的计算方法之一，Access 2010 提供了丰富的内置函数，来实现对报表中数据的各种统计计算。

【例 5-6】 创建一个显示学生学号、姓名、性别、联系电话、出生日期和入学成绩的报表，然后将"出生日期"字段替换为年龄，年龄需要通过计算获得。

操作步骤：

① 打开教务管理数据库，利用报表向导创建一个包括学号、姓名、性别、联系电话、出生日期和入学成绩的报表。然后打开报表的设计视图，如图 5-28 所示。

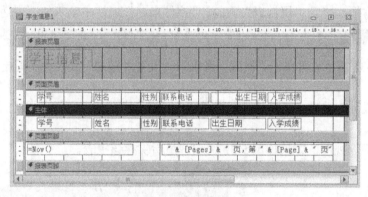

图 5-28 学生报表

② 点击"页面页眉"节中的"出生日期"标签，将其标题修改为"年龄"。

③ 右击"主体"节中的"出生日期"字段，选择"删除"命令将其删除。

④ 单击"设计"选项卡"控件"组中的"文本框"按钮，在主体节中"出生日期"字段所在位置上放置一个文本框控件，把文本框的附加标签删掉，并调整好文本框控件的位置和大小。

⑤ 双击文本框打开其"属性表"对话框，在"控件来源"属性中，输入如下表达式：

```
=year(date())-year(出生日期)
```

表达式必须用等号"="开头，输入表达式效果如图 5-29 所示。

⑥ 切换到报表视图，效果如图 5-30 所示，可以看到计算结果。

⑦ 保存该报表为"学生年龄信息报表"。

图 5-29　年龄表达式

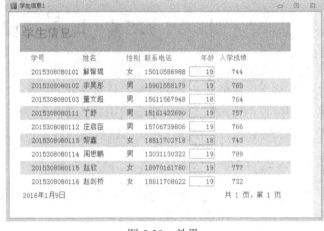

图 5-30　效果

【例 5-7】　在例 5-6 的"学生年龄信息"报表中，计算学生们的平均入学成绩。

操作步骤：

① 打开教务管理数据库的"学生年龄信息"报表，并切换到设计视图。

② 在"报表页脚"节的右侧添加一个文本框，将其附加标签的内容设置为"平均入学成绩"。双击该文本框，打开"属性表"，在其"控件来源"属性中输入如下表达式：

```
=avg(入学成绩)
```

效果如图 5-31 所示。再单击"格式"选项卡，设置"格式"属性为"固定"，"小数位数"属性为"1"。

③ 单击"设计"选项卡"控件"组中的"直线"按钮，在"报表页脚"节的文本框上部添加一条直线。

④ 切换到报表视图，效果如图 5-32 所示，最后保存该报表。

图 5-31　计算平均值表达式

图 5-32　学生平均入学成绩效果

5.4.2　分组统计

实际工作中，经常需要对数据进行分组、统计。分组就是将报表中具有共同特征的相关记录排列在一起，并为同组记录进行汇总统计。

【例5-8】 对例5-7中的"学生年龄信息"报表,按性别排序和分组。

操作步骤:

① 打开教务管理数据库中的"学生年龄信息"报表,并切换到设计视图。

② 在"设计"选项卡"分组和汇总"组中单击"分组和排序"按钮,在报表下部出现"添加组"和"添加排序"两个按钮。

③ 单击"添加组"按钮,打开"字段列表",在列表中选择"性别"字段,在下方再次出现"添加组"和"添加排序"按钮,如图5-33所示。这里我们单击"添加排序"按钮,在字段列表中选择"入学成绩""降序"排序,如图5-34所示。

 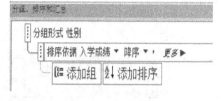

图5-33 添加分组字段　　　　　　　图5-34 添加排序字段

④ 切换到报表视图,将"页面页眉"节中的"性别"标签删除,其他标签排列紧凑并向右水平拖动一段合适的距离。

⑤ 将"主体"节中的"性别"控件剪切到"性别页眉"节中,并靠左边框放置。然后将"性别页眉"节的宽度向上调小到适当位置。

⑥ 将"主体"节中其余控件排列紧凑并向右水平拖动,以对齐"页面页眉"节中相应字段的标签,设置后的设计视图效果如图5-35所示。

⑦ 切换到报表视图,效果如图5-36所示,最后保存该报表。

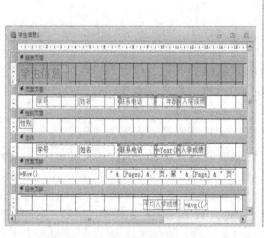 

图5-35 设计视图效果　　　　　　　图5-36 报表视图效果

【例5-9】 创建"教师职称状况统计"报表,按照职称对教师分组,计算各类职称的教师人数、教师总人数和各职称所占教师总数的百分比。

操作步骤:

① 打开教务管理数据库,利用报表向导创建一个包含教师编号、教师姓名、性别、所属

系和职称字段的报表，添加职称为分组级别，按教师编号升序排序，使用递阶格式布局，最后指定标题为"教师职称情况统计"，并选择"修改报表设计"，单击"完成"按钮，即打开报表设计视图，如图 5-37 所示。我们看到已添加了"职称页眉"节，这就是组页眉，并不自动添加相应的组页脚。本例中需要按职称分组统计人数和百分比，这些计算字段需要放置在组页脚中，所以需要手动添加"职称页脚"节。

② 在"设计"选项卡"分组和汇总"组中单击"分组和排序"按钮，打开"分组、排序和汇总"窗格，单击"分组形式"栏右侧的"更多"按钮，展开分组栏，如图 5-38 所示。单击"无页脚节"右侧的箭头，在打开的下拉列表中选择"有页脚节"，这样就在报表中添加了"职称页脚"节。

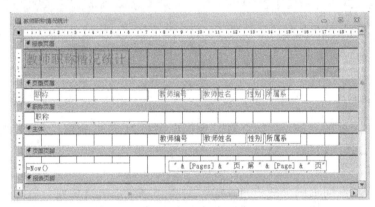

图 5-37　报表设计视图

图 5-38　展开分组栏

③ 在"报表页脚"节中，添加一个文本框，设置其附加标签的标题为"教师总人数"，在文本框中输入表达式"=count(*)"，用以计算教师总人数。双击文本框，打开"属性表"，设置其"名称"属性值为"教师总人数"。

④ 在"职称页脚"节中添加一个文本框，设置附加标签的标题内容为"该职称人数"，在文本框中输入表达式"=count(*)"，用以计算不同职称的教师人数。双击文本框，在其"属性表"中设置其"名称"属性值为"各职称人数"。

⑤ 在"职称页脚"节中再添加一个文本框，设置附加标签的标题内容为"该职称所占百分比"，在文本框中输入表达式"=[各职称人数]/[教师总人数]"。双击文本框，在其"属性表"中设置其"格式"为"百分比"，"小数位数"为"1"。

⑥ 切换到报表视图，效果如图 5-39 所示，最后保存本例报表为"教师职称状况统计"。

注意：在报表中对记录进行人数统计时，使用的表达式都是"=count(*)"。但是由于计算控件放置的位置不同，统计记录的范围也不同。当计算控件放在"报表页脚"节中时，统计所有的记录数；当计算控件放在"组页脚"节中时，统计各分组的记录数。

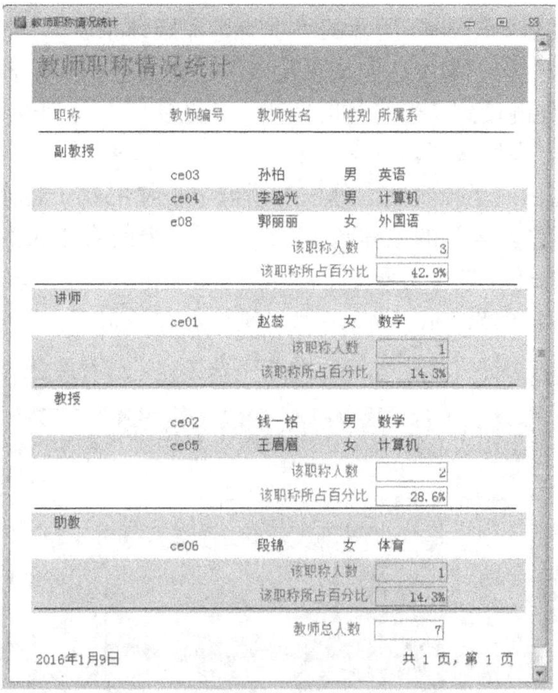

第5章 报　表

图 5-39　例 5-9 报表视图

5.5　创建主/子报表

把一个报表插入到另一个报表内部，被插入的报表称为子报表，包含子报表的报表叫做主报表。主报表可以是未绑定的，也可以是绑定的。对于绑定的主报表，它包含的是一对多关系中的"一"方，子报表显示"多"方的相关记录。

【例 5-10】　创建教师授课信息主/子报表。

操作步骤：

① 打开教务管理数据库，创建名为"学生选课信息及成绩"的查询，SQL 命令如下：

```
select 学生信息.学号,姓名,课程名称,平时成绩,考试成绩,总评成绩
from 学生信息,课程,选课
where 学生信息.学号=选课.学号 and 选课.课程编号=课程.课程编号
```

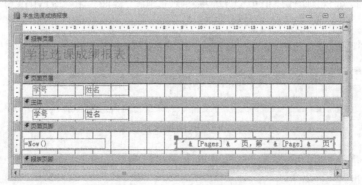

图 5-40　学生选课成绩报表

② 利用报表向导建立如图 5-40 所示的"学生选课成绩报表",并打开设计视图。
③ 从左侧导航窗格中将"学生选课信息及成绩"查询拖动到报表主体节。在打开的"请确定是自行定义将主窗体链接到该子窗体的字段,还是从下面的列表中进行选择"对话框中,选择默认值,单击"下一步"按钮。
④ 在"请指定子窗体或子报表的名称"对话框中,使用默认名称,单击"完成"按钮。
⑤ 在"学生选课成绩报表"的主体节中,删除子报表的附加标签,调整子报表的位置和宽度、高度,并删除子报表中的学号和姓名字段。
⑥ 切换到报表视图,效果如图 5-41 所示。最后保存该报表。

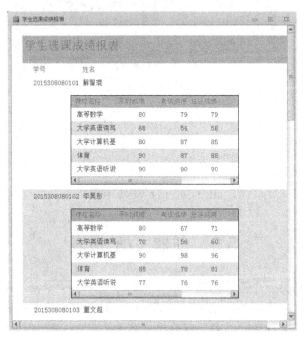

图 5-41　例 5-10 效果

5.6　报表的预览和打印

报表设计完成后,在打印出来之前,还需要进行页面设置,直到预览效果满意。当一个报表切换到打印预览视图后,功能区的选项卡只保留"文件"和"打印预览"两个选项卡,如图 5-42 所示。

图 5-42　打印预览选项卡

所有的设置都在"打印预览"选项卡中进行,它包括"打印""页面大小""页面布局""显示比例"和"数据"5 个组。

在"页面大小"组中,可以调整纸张大小和页边距;"页面布局"组用来设置纸张方向和打开页面设置对话框;"显示比例"组用来决定显示的比例和页数以不同方式预览报表;"数据"组的作用是将报表导出为 Excel 文件、文本文件、PDF 文件、电子邮件或其他格式。

在打印设置过程中,切换到报表设计视图时,有时会出现"节宽度大于页宽度"的提示框,如果忽略这个提示,常常出现打印出来的页面上没有数据的情况。造成这种现象的原因是,在主体节或页面页眉/页脚节中,控件所占的宽度大于所设置的纸张大小。尤其是直线控件,初学者总是会画的很长,却又忘记修改,在检查时容易忽略这个细节。

经过设置和预览之后,就可以打印报表了。单击图 5-42 左端的"打印"按钮,打开如图 5-43 所示的"打印"对话框,设定打印范围和份数后单击"确定"按钮即可。

图 5-43 "打印"对话框

第 6 章 宏

宏（Macro）是微软公司为其 Office 软件包设计的一个特殊功能。微软软件设计师们为了让人们在使用软件工作时，避免重复相同的动作而设计出一种工具，它利用简单的语法，把常用的动作写成宏，当工作需要时，就可以直接利用事先编好的宏自动运行，来完成特定的任务，而不必重复进行相同的操作，以让用户文档中的一些任务自动化。本章学习宏的相关知识，包括宏的基本概念、宏的基本操作，以及 Access 中如何使用宏。

6.1 宏的基本概念

6.1.1 宏的概念

宏是由一个或多个操作组成的集合，其中每个操作都实现特定的功能。当频繁地重复同一操作时，用户就可以通过创建宏来执行这些操作。例如，在窗体中创建一个命令按钮，当单击该命令按钮时，打开数据报表并打印报表。

在 Access 中，一共有 53 种基本宏操作，这些基本操作还可以合成很多其他的"宏组"操作。在使用中，我们很少单独使用这个或那个基本宏命令，常常是将这些命令排成一组，按照顺序执行，以完成一种特定任务。这些命令可以通过窗体中控件的某个事件操作来实现，或在数据库的运行过程中自动来实现。

6.1.2 常用宏操作

宏的操作是非常丰富的，如果只做一个小型的数据库，须使用 VBA 编程，而用宏操作就可以轻易实现。宏的主要功能如下。
- 显示和隐藏工具栏。
- 打开和关闭表、查询、窗体和报表。
- 执行报表的预览和打印操作以及报表中数据的发送。
- 设置窗体或报表中控件的值。
- 设置 Access 工作区中任意窗口的大小，并执行窗口移动、缩小、放大和保存等操作。
- 执行查询操作，以及数据的过滤、查找。
- 为数据库设置一系列的操作，简化工作。

在宏操作中，有的操作没有参数（如 Beep），而有的操作必须指定参数。通常，按参数排列顺序来设置操作的参数是比较好的方法，因为选择某一参数将决定该参数后面的参数的选择，常用的宏如表 6-1 所示。

表 6-1 常用宏操作

宏 操 作	说 明
Beep	通过计算机的扬声器发出嘟嘟声
Close	关闭指定的 Microsoft Access 窗口。如果没有指定窗口,则关闭活动窗口
GoToControl	把焦点移到打开的窗体、窗体数据表、表数据表、查询数据表中当前记录的特定字段或控件上
Maximize	放大活动窗口,使其充满 Microsoft Access 窗口。该操作可以使用户尽可能多地看到活动窗口中的对象
Minimize	将活动窗口缩小为 Microsoft Access 窗口底部的小标题栏
MsgBox	显示包含警告信息或其他信息的消息框
OpenForm	打开一个窗体,并通过选择窗体的数据输入与窗口方式,来限制窗体所显示的记录
OpenReport	在"设计"视图或打印预览中打开报表或立即打印报表。也可以限制需要在报表中打印的记录
PrintOut	打印打开数据库中的活动对象,也可以打印数据表、报表、窗体和模块
Quit	退出 Microsoft Access。Quit 操作还可以指定在退出 Access 之前是否保存数据库对象
RepaintObject	完成指定数据库对象的屏幕更新。如果没有指定数据库对象,则对活动数据库对象进行更新。更新包括对象的所有控件的所有重新计算
Restore	将处于最大化或最小化的窗口恢复为原来的大小
RunMacro	运行宏。该宏可以在宏组中
SetValue	对 Microsoft Access 窗体、窗体数据表或报表上的字段、控件或属性的值进行设置
StopMacro	停止当前正在运行的宏

6.1.3 宏与 Visual Basic 代码的转换

在 Access 中,所有的宏都对应着 VBA 中相应的程序代码,可以将宏操作转换为 Microsoft Visual Basic 的事件过程或模块。这些事件过程或模块用 Visual Basic 代码执行与宏等价的操作。可以转换窗体或报表中的宏,也可以转换不附属于特定窗体或报表的全局宏。

【例 6-1】 创建一个打开窗体的宏,然后将其转换成 Visual Basic 代码。

操作步骤:

① 打开"教学数据库"窗口,单击"宏"对象。

② 单击"新建"按钮,打开如图 6-1 所示的宏设计窗口。

③ 单击"操作"列的第一空行的下拉列表按钮,选择"OpenForm"操作。

④ 单击"操作参数"区中的"表名称"行,单击右侧下拉按钮,从列表中选择"学生信息",如图 6-2 所示。

⑤ 单击"文件"菜单中的"保存"按钮,在弹出的"另存为"对话框中的"宏名称"文本框中输入"打开学生信息表",单击"确定"按钮保存。

⑥ 关闭宏设计窗口,在数据库窗口宏对象中选择"打开学生信息表"宏,单击"工具"菜单,选择"宏"子菜单中的"将宏转换为 Visual Basic 代码",弹出如图 6-3 所示"转换宏"对话框,单击"确定"按钮。

⑦ 转化结果如图 6-4 所示。

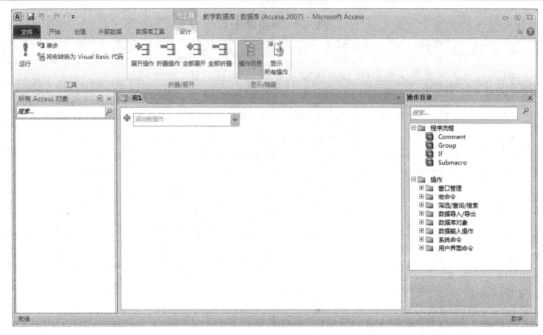

图 6-1 宏设计窗口

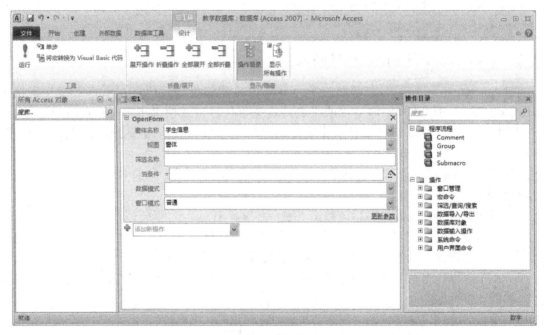

图 6-2 操作参数

图 6-3 转换宏对话框

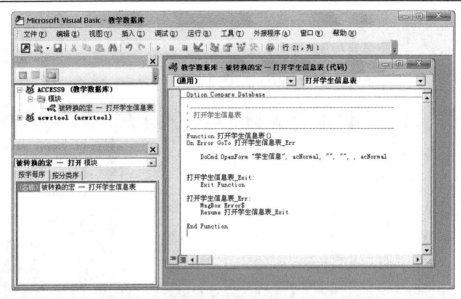

图 6-4　宏代码转换结果

6.2　宏选项卡和宏设计器窗口

6.2.1　"宏工具设计"选项卡

在 Access 的"创建"选项卡的"宏与代码"中，单击"宏"按钮，打开"宏工具设计"选项卡。该选项卡由三部分构成，分别为"工具""折叠/展开"和"显示/隐藏"，如图 6-5 所示。

图 6-5　"宏工具设计"选项卡

"工具"组包括运行、调试宏以及将宏转变为 Visual Basic 代码 3 个按钮。

"折叠/展开"组提供浏览宏代码的几种方式：展开操作、折叠操作、全部展开和全部折叠。展开操作指用户可以详细的阅读每个操作的具体细节，其中包括每个参数的具体内容。折叠操作可以把宏操作收缩起来，不显示操作的具体参数，而只是显示具体的名称。

"显示/隐藏"组主要对操作目录的显示和隐藏。

6.2.2　操作目录

当进入到"宏设计"选项卡后，Access 窗口的下边分为三部分：左侧导航栏中显示宏对象，中间窗口是宏设计器，右侧窗口是"操作目录"，如图 6-6 所示。

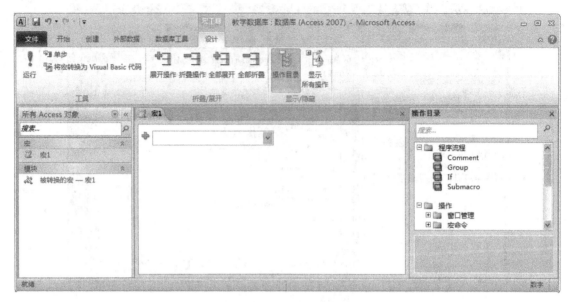

图 6-6　宏设计器窗口

"操作目录"窗口由三部分组成。上部是程序流程部分，中部是操作部分，下部是数据库中的对象(也包含部分宏)。

程序流程包括注释(Comment)、组(Group)、条件(If)和子宏。

(2) 操作

图 6-7　宏命令列表

操作部分把宏操作按操作性质分为 8 组，分别为"窗口管理""宏命令""筛选/查询/搜索""数据导入/导出""数据库对象""数据输入操作""系统命令""用户界面命令"。一共有 66 个操作，如图 6-7 所示。Access 以这样的方式来管理宏，使用户在使用宏的过程中会十分方便。用户需要用哪个组中的命令时，单击所在的分组，就可以显示该组中所有的宏命令。

在此部分中，列出了当前数据库中所有的宏，以方便用户使用所创建的宏和事件过程代码。如果展开该分组，通常会有下一级列表的显示，分别为"报表""窗体""宏"。

6.2.2　宏设计器

Access 2010 重新设计了宏设计器，与以前的版本相比，宏设计器十分类似于 VBA 事件过程的开发界面，使得开发宏更为方便。

当创建一个宏后，在宏设计器中出现一个组合框，组合框中显示"添加新操作"的占位符，组合框前面有个绿色的"十"字，这就是"展开/折叠"按钮，如图 6-8 所示。

用户可以通过三种方式来添加新操作：

直接在组合框中输入宏命令，前提是对宏命令比较熟悉。

单击组合框的下拉箭头，在打开的列表中选择操作，如图 6-9 所示。

第 6 章 宏

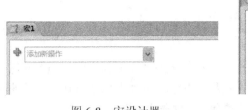
图 6-8 宏设计器

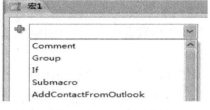
图 6-9 宏命令下拉式列表

(3) 从"操作目录"窗口中,把用到的某个操作直接拖到组合框中。

6.3 创 建 宏

6.3.1 创建自动运行的宏

在 Access 2010 中,AutoExec 是一个特殊的宏,它在启动数据库时会自动运行,该宏可以在首次打开数据库时执行一个或者一系列的操作。

【例 6-2】 创建一个自动运行的宏,用来打开一个窗体"管理系统登陆"的登录窗体。具体操作步骤如下:

(1) 首先使用窗体设计视图,创建一个登录窗体,登录窗体上包含一个文本框,用来输入密码,一个命令按钮用来验证密码,该登录窗体的创建结果如图 6-10 所示。

(2) 在"创建"选项卡的"宏与代码"组中,单击"宏"按钮,打开"宏设计器"。

(3) 在操作目录的窗口中,展开"操作/数据库对象",把"OpenForm"操作拖到组合框中。单击"窗体名称"组合框右侧的下拉箭头,在列表中选择"管理系统登陆"窗体,其他参数默认,如图 6-11 所示。

图 6-10 管理系统登录界面

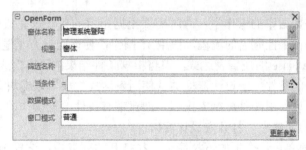
图 6-11 自动运行宏操作参数设定

(4) 在快速工具栏中,单击"保存"按钮,以 AutoExec 名称保存,这样,以后启动该数据库时,AutoExec 自动运行,打开"管理系统登陆"窗体。

6.3.2 创建子宏

在一个宏中可以包含多个子宏,每个子宏都必须定义自己的宏名,以便分别调用。创建含有子宏的宏的方法与创建宏的方法基本相同,不同的是,在创建过程中需要对子宏命名。

【例 6-3】 创建一个宏组,其中包含 3 个宏操作,其中"宏 1"实现的功能是打开"数据库技术查询",然后转至错误处理,宏 2 的功能是先打开教师信息表,使计算机的小喇叭发出"嘟嘟"的鸣叫声,宏 3 的功能是保存所有的修改后,退出 Access 数据库系统。

操作步骤如下：

(1) 打开"教学数据库"，在"创建"选项卡的"宏与代码"组中，单击"宏"，然后打开设计器。

(2) 在操作目录窗格中，把程序流程中的"子宏"拖到"添加新操作"组合框中，在子宏名称框中，修改名称为"宏 1"（子宏默认名字为 Sub1），在"添加新操作"组合框中，选择"OpenQuery"，设置查询名称为"数据库技术查询"，数据模式为"只读"。

(3) 在下面的"添加新操作"组合框中打开列表，从中选中 OnError 操作，设置转至"下一个"，如图 6-12 所示。

(4) 按照上面的方法步骤，分别设计宏 2 和宏 3，设置的结果如图 6-13 所示。

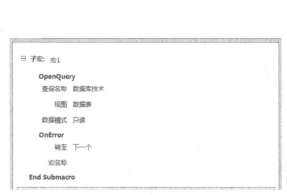

图 6-12　宏 1 的设计显示

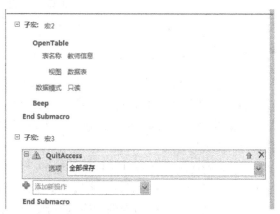

图 6-13　宏 2 和宏 3 设计显示

6.3.3　创建带条件的操作宏

在数据库的操作中，有时需要根据指定的条件来完成一个或多个宏操作，这就需要通过设置条件来控制宏的流程，使用 If 操作，使得宏具有了逻辑判断能力。条件是一个计算结果为 True/False 的逻辑表达式，宏将根据条件结果的"真"或"假"而沿着不同的分支执行，对于复杂的条件，宏设计器提供了使用表达式生成器来编辑条件的功能。

可以使用条件控制宏操作。创建带有条件的宏操作的方法如下：

(1) 新建宏，打开宏设计窗口；

(2) 单击组合框的下拉箭头，在打开的列表中，选择 If 操作，如前面图 6-14 所示，在设计窗口中显示编辑条件窗口，如图所示。

图 6-14　条件宏选择界面

(3) 设置宏操作，在对应的宏操作条件列中编辑条件。

宏的"条件"是逻辑表达式，返回的值只能是"真"True 或"假"False。运行时将根据

第 6 章 宏

条件结果的"真"或"假",决定是否执行或如何执行宏操作。在输入条件表达式时,可能要引用窗体或报表上的控件值,其语法为

```
Forms![窗体名]![控件名] 或 [Forms]![窗体名]![控件名]
Reports![窗体名]![控件名] 或 [Reports]![窗体名]![控件名]
```

【例 6-4】 创建一个带有条件的宏,用于验证用户输入的密码是否正确(密码为 123),如果正确,则打开"教师信息表",如果不正确,则提示出错信息。

图 6-15 验证密码窗体

该题中需要先建立一个用户输入密码的窗体,具体操作步骤如下:

(1)打开"教学数据库",单击"窗体"对象。单击"新建"按钮,打开窗体设计窗口。设计一个如图 6-15 所示的"验证密码"窗体,并保存。其中窗体命名为"验证密码",文本框命名为"密码框"。

(2)鼠标右键单击"命令"按钮,选择"事件生成器",选择"宏生成器",单击"确定"按钮,进入宏设计视图。

(3)在宏设计窗口。单击组合框的下拉箭头,在打开的列表中,选择 If 操作,宏设计窗口显示"条件表达式"窗口。

(4)在条件表达式窗口输入:[Forms]![验证密码]![密码框]="123",在 If 下边的添加新操作组合框中选择"OpenTable"操作。单击"操作参数"区中的"表名称"行,单击右侧下拉按钮,从列表中选择"教师信息表"。

(5)在操作界面中单击"添加 Else"选项,如图 6-16 所示。

图 6-16 添加 Else 选项

(6)在 Else 后的宏命令窗口中选择"MessageBox"操作,并在"消息"行中输入"密码错误,请重新输入",最后设计界面如图 6-17 所示。

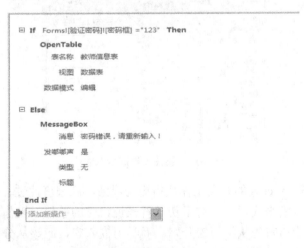

图 6-17 设置条件宏

(7)单击"文件"菜单中的"保存"按钮,运行设计的窗体,即可以看到运行结果。

注意:步骤 4 中的条件,用户也可以通过单击红色圆圈里面的按钮进入"表达式生成器",通过鼠标选择完成,如图 6-18 所示。

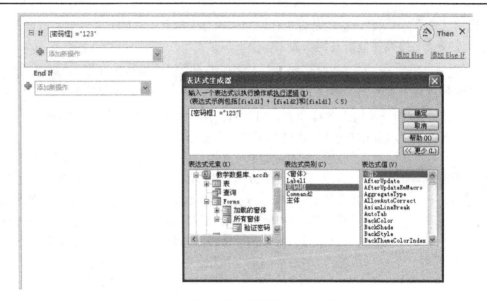

图 6-18　用表达式生产器完成宏条件输入

6.3.4　创建嵌入宏

当用户在窗体上使用向导创建一个命令按钮来执行某种操作时，不仅创建了命令按钮的单击事件，而且在单击事件中还创建了一个嵌入宏。在单击事件中运行这个嵌入的宏完成指定的操作，例如前面判定密码的例子，在命令按钮中实际上就是一个嵌入的宏，如图 6-19 所示。

图 6-19　属性表里的嵌入宏

嵌入宏的引入使得 Access 的开发工作变得更为灵活，原来事件过程中需要编写事件代码的工作，都可以用嵌入宏来代替了，对于初学者来说，宏的条件、操作和宏的参数是有一定难度的。要掌握宏，应该首先从学习宏开始。而学习嵌入宏，应该从分析使用命令按钮向导创建的嵌入宏开始。

报表中创建嵌入宏，嵌入宏不仅应用在窗体中，也可以应用在报表中。当打开一个报表时，如果报表数据源没有任何数据，则将是一个空白报表，如果希望禁止没有数据的空白报表显示，则可以在报表中通过嵌入宏来完成这个任务。

【例 6-5】 在"教师基本信息"报表上添加一个嵌入宏,用来禁止空白报表显示。

操作步骤如下:

(1)打开"教学数据库",在设计视图中打开"教师基本信息"报表。

(2)在属性表中,选择"事件"选项卡,单击"无数据"右侧的生成器按钮,如图 6-20 所示。

(3)在打开的"选项设计器"对话框中,选择"宏生成器",单击"确定"按钮,如图 6-21 所示。

图 6-20 "教师基本信息"报表属性　　　　图 6-21 选择生成器

(4)在打开的宏设计器中,创建宏,如图 6-22 所示

(5)关闭宏设计器,返回报表属性窗口,此时,"嵌入的宏"显示在"无数据"属性中了,如图 6-23 所示。

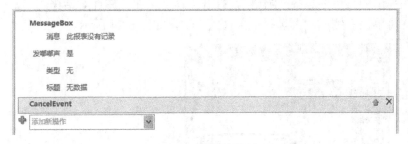 

图 6-22 宏设计器结果　　　　　　　　图 6-23 报表嵌入宏结果

(6)保存报表后,关闭报表。

下一次允许报表时,如果发现没有记录,则显示"此报表没有记录"提示信息框,在提示信息框中,单击"确定"按钮,则没有数据的空白报表的打开操作将被取消。

6.4　宏的运行与调试

宏设计好后即可运行及调试。宏有多种运行方式,主要有直接运行某个宏,运行宏组中的宏,通过响应窗体、报表及其上控件的事件来运行宏(在事件发生时执行宏)和自动运行宏等。

6.4.1 直接执行宏或宏组

直接运行宏是指编辑好宏操作后,单击"执行"命令来查看运行结果。下面列出直接运行宏的操作方法。

(1)从"宏"设计窗体中运行宏,方法:打开宏设计窗口,单击"宏设计"工具栏上的"执行"按钮。

(2)从数据库窗体中运行宏,方法:在数据库窗体中,单击"宏"对象,双击宏名。

(3)从"工具"菜单上,通过"宏"选项,单击"运行宏",再选择或输入要运行的宏名。

(4)使用 Docmd 对象的 RunMacro 方法,在 VBA 代码过程中运行宏。

6.4.2 在事件发生时执行宏

通常情况下直接运行宏只是进行测试。可以在确保宏的设计无误之后,将宏附加到窗体、报表或控件中,以对事件做出响应。触发事件中使用宏可以达到简化编程、提高设计过程的目的。

事件(Event)是数据库中执行的一种特殊操作,Access 可以对窗体、报表或控件中的多种类型事件做出响应,包括鼠标单击、数据更改以及窗体或报表打开或关闭等。

在例 6.4 中"验证密码"窗体的"确定"按钮的事件中执行条件宏。

操作步骤:

打开"教学数据库",单击"窗体"对象,选择"验证密码"窗体,单击"设计"按钮。

右击"确定"按钮,在弹出的菜单中选择"属性",打开"命令按钮"属性对话框。

单击"事件"标签页,再单击右侧文本框选择"条件宏"宏,如图 6-24 所示。

图 6-24 命令按钮属性对话框

关闭属性对话框,并保存窗体。

运行主窗体,查看结果。

6.4.3 宏的调试

在 Access 系统中提供了"单步"执行的宏调试工具。通过单步执行可以跟踪宏的执行流程和每个操作结果,从中发现并排除问题或错误。

调试宏过程如下:

(1)打开要调试的宏。

第 6 章 宏

(2) 在工具栏上单击"单步"按钮,使其处于凹陷状态。然后单击"执行"按钮,系统会弹出"单步执行宏"对话框,如图 6-25 所示。

(3) 单击"单步执行"按钮,执行其操作。单击"停止"按钮,停止宏的执行并关闭对话框。单击"继续"按钮会关闭"单步执行"对话框,并继续执行宏的下一个操作。如果宏操作有误,则会出现"操作失败"对话框。

在宏的执行过程中要暂停宏的执行,可用组合键 Ctrl+Break。

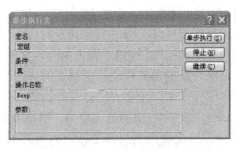

图 6-25 单步执行宏

第 7 章 模块与 VBA 编程基础

在 Access 系统中，借助前面章节介绍的宏对象可以完成事件的响应处理，例如打开和关闭窗体、报表等。但宏的使用也有一定的局限性，一是宏只能处理一些简单的操作，对于复杂条件和循环等结构则无能为力，二是宏对数据库对象，（如表对象或查询对象）的处理能力很弱。

Access 作为面向对象的开放型数据库，提供了强大的个性化的开发功能，使用 VBA（Visual Basic for Application）编程，可以开发出功能更全，更强大的应用程序。

"模块"是将 VBA 声明和过程作为一个单元进行保存的集合体。通过模块的组织和 VBA 代码设计，可以大大提高 Access 数据库应用的处理能力，解决复杂问题。

本章主要介绍 Access 数据库的模块类型及创建、VBA 程序设计的基础。

7.1 模块的基本概念

模块是 Access 系统中的一个重要对象，它以 VBA（Visual Basic for Application）函数过程（Function）或子过程（Sub）为单元的集合方式存储。Access 中，模块分为类模块和标准模块两种类型。

7.1.1 类模块

窗体模块和报表模块都属于类模块，它们从属于各自的窗体或报表。在窗体或报表的设计视图环境下可以用两种方法进入相应的模块代码设计区域；一是鼠标单击工具栏"代码"按钮进入；二是为窗体或报表创建事件过程时，系统会自动进入相应代码设计区域。

窗体模块和报表模块通常都含有事件过程，而过程的运行用于响应窗体或报表上的事件。使用事件过程可以控制窗体或报表的行为以及它们对用户操作的响应。

窗体模块和报表模块中的过程可以调用标准模块中已经定义好的过程。窗体模块和报表模块具有局限性，其作用范围局限在所属窗体或报表内部，而生命周期则是伴随着窗体或报表的打开而开始，伴随着关闭而结束。

7.1.2 标准模块

标准模块一般用于存放供其他 Access 数据库对象使用的公共过程。在系统中可以通过创建新的模块对象而进入其代码设计环境。

标准模块通常安排一些公共变量或过程供类模块里的过程调用。在各个标准模块内部也可以定义私有变量和私有过程仅供本模块内部使用。

标准模块中的公共变量和公共过程具有全局特性，其作用范围在整个应用程序里，生命周期是伴随着应用程序的运行而开始，伴随着关闭而结束。

7.1.3 将宏转换为模块

根据要转换宏的类型不同，转换操作有两种情况，一是转换窗体或报表中的宏，二是转换不属于任何窗体和报表的全局宏。

1. 转换窗体或报表中的宏

操作过程如下：

(1) 在"设计视图"中打开窗体。

(2) 选择"工具"菜单中的"宏"命令项，在级联菜单中单击"将窗体的宏转换为 Visual Basic 代码"，屏幕显示"转换窗体宏"对话框，如图 7-1 所示。

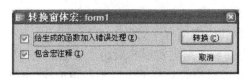

图 7-1 "转换窗体宏"对话框

(3) 在对话框中单击"转换"按钮，弹出"转换完毕"对话框。

(4) 单击"确定"按钮完成转换。

转换报表中的宏，过程与转换窗体时完全一样，只将有窗体的地方改为报表即可。

2. 将全局宏转换为模块

操作过程如下：

(1) 在"数据库"窗口中单击"宏"对象，选择要转换的宏。

(2) 选择"文件"菜单中的"另存为"命令项，屏幕显示"另存为"对话框，如图 7-2 所示。

图 7-2 "另存为"对话框

(3) 在对话框的"保存类型"下拉列表框中选择"模块"，然后单击"确定"按钮，屏幕显示"转换宏"对话框。

(4) 在对话框中单击"转换"按钮，弹出"转换完毕"对话框。

(5) 单击"确定"按钮完成转换。

7.1.4 宏和模块的选择

虽然宏可以完成的操作，使用模块也可以完成，但在使用时，应根据具体的任务来确定选择宏还是模块。

对于以下操作，使用宏更为方便。

(1) 在首次打开数据库时，执行一个或一系列操作。

(2) 建立自定义的菜单栏。

(3) 为窗体创建菜单。

(4) 使用工具栏上的按钮执行自己的宏或程序。

(5) 随时打开或关闭数据库的对象。

对于以下操作，要使用模块来实现。

(1) 复杂的数据库维护和操作。
(2) 自定义的过程和函数。
(3) 运行出错时的处理。
(4) 在代码中定义数据库的对象,用于动态地创建对象。
(5) 一次对多个记录进行处理。
(6) 向过程传递变量参数。
(7) 使用 ActiveX 控件和其他应用程序对象。

总之,凡是宏无法实现的或者用宏实现起来比较烦琐的功能,都可以通过 VBA 来完成。在 Access 系统中,根据需要可以将设计好的宏对象转换为模块代码形式。

7.2 在 Access 中创建模块

过程是模块的单元组成,由 VBA 代码编写而成。过程分两种类型: Sub 子过程和 Function 函数过程。

7.2.1 在模块中加入过程

模块是装着 VBA 代码的容器。在窗体或报表的设计视图里,单击工具栏"代码"按钮或者创建窗体或报表的事件过程可以进入类模块的设计和编辑窗口;单击数据库窗口中的"模块"对象标签,然后单击"新建"按钮即可进入标准模块的设计和编辑窗口。

一个模块包含一个声明区域,且可以包含一个或多个子过程(以 Sub 开头)或函数过程(以 Function 开头)。模块的声明区域用来声明模块使用的变量等项目。

1. Sub 过程

Sub 过程又称为子过程。执行一系列操作,无返回值。定义格式如下:

```
Sub 过程名
    [程序代码]
End Sub
```

可以引用过程名来调用该子过程,也可以在过程名前加关键字 Call 调用子过程。在过程名前加上 Call 是一个很好的程序设计习惯。

下面的代码是"退出"命令的子过程,其中 cmdExit_Click 是过程名称,程序代码只有一行语句,表示单击窗体(或报表)中的 cmdExit 按钮时关闭窗体。

```
Sub cmdExit_Click()
    DoCmd.Close
End Sub
```

此类子程序是针对窗体和报表模块的,在窗体或报表的设计视图中选中对象,在"属性表"面板的"事件"选项卡中的"单击"栏选择"事件过程",即可自动添加过程的格式,用户只须编写程序代码。

【例 7-1】 创建一个名为"beep"的过程,用于在特定的情形下发出声音警告用户。步骤如下:

① 单击 Access "创建" 选项卡中 "宏与代码" 组中的 "模块" 按钮,弹出 VBA 编辑器,然后添加一个名为 "模块 1" 的新模块,如图 7-3 所示。

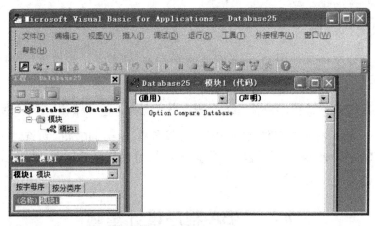

图 7-3 VBA 编辑器

② 在代码窗口中输入以下代码,创建一个新的过程。

```
Sub beepwarning()
Dim xbeeps As Integer
Dim nbeeps As Integer
nbeeps = 5
For xbeeps = 1 To nbeeps
beep
Next xbeeps
End Sub
```

③ 过程创建好后,单击 "调试" 选项卡中的 "编译" 进行编译,如果编译不成功,会出现错误提示。

④ 单击 "视图" 选项卡,打开 "立即" 窗口,在 "立即" 窗口中输入过程名 "beepwarning",按 Enter 键就会听到计算机发出的蜂鸣声音。

2. Function 过程

Function 过程又称为函数过程。执行一系列操作,有返回值。定义格式如下:

```
Function 过程名(<参数表>)
[程序代码]
End Function
```

与过程类似,函数也能被其他函数调用,区别是函数过程不能使用 Call 来调用执行,需要直接引用函数过程名,并由接在函数过程名后的括号所辨别,例如前面学过的 $y = \max(a, b)$,调用 max 函数,把返回的值给变量 y。

【例 7-2】 自己创建一个函数,输出两个数的最大值。

```
Function MA(a as Single,b as Single) as Single
IF a>b then
MA=a
ELSE
```

```
    MA=b
    End If
End Function
```

7.2.2 在模块中执行宏

在模块的过程定义中,使用 Docmd 对象的 RunMacro 方法,可以执行设计好的宏。其调用格式为

```
Docmd.RunMacro MacroName[,RepeatCount ][,RepeatExpression]
```

其中,MacroName 表示当前数据库中宏的有效名称;RepeatCount 可选项用于计算宏运行次数的整数值;RepeatExpression 可选项为数值表达式,在每次运行宏时进行计算,结果为 False 时,停止运行宏。

7.3　VBA 程序设计基础

VBA 是微软 Office 套件的内置编程语言,是 Visual Basic 语言的一个子集,它不包括 Visual Basic 语言的全部功能,VBA 作为一种嵌入式语言,是以 Access 环境为母体,以 Visual Basic 为父体的类 VB 开发环境,在程序设计中,当某些操作不能用其他 Access 对象实现,或者实现起来很困难时,就可以利用 VBA 语言编写代码,完成这些复杂任务。

下面介绍 VBA 编程语言的一些概念和方法。

7.3.1　Visual Basic for Applications 编辑环境

Visual Basic for Applications 编辑器是编辑 VBA 代码时使用的界面。VBA 编辑器提供了完整的开发和调试工具。图 7-4 所示是 Access 数据库的 VBA 窗体。窗体主要由标准工具栏、工程窗口、属性窗口和代码窗口等组成。

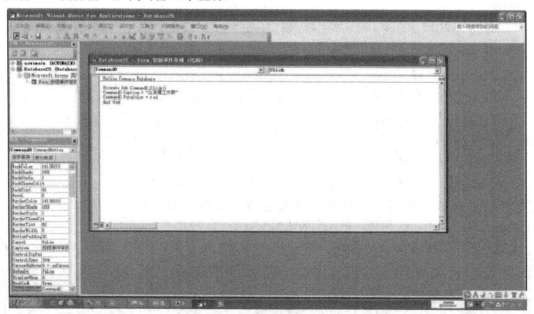

图 7-4　VBA 的窗口

1. 标准工具栏

VBA 窗口中的工具栏如图 7-5 所示。工具栏中主要按钮的功能如表 7-1 所示。

图 7-5 标准工具栏

表 7-1 工具栏功能列表

按 钮	名 称	功 能
	Access 视图	用于从 VBE 切换到数据库窗口
	插入模块	插入新的模块
	运行子过程/用户窗体	运行模块程序
	中断运行	中断正在运行的程序
	重新设置	结束正在运行的程序，重新进入模块设计状态
	设计模式	进入和退出设计模式
	工程资源管理器	打开工程资源管理器窗口
	属性窗口	打开属性窗口
	对象浏览器	打开对象浏览器窗口

2. 工程窗口（Project）

工程窗口（Project）即工程资源管理器，该窗口显示应用程序的所有模块文件，以分层列表的方式显示。该窗口中有 3 个按钮，"查看代码"按钮 可以打开相应的代码窗口；"查看对象"按钮 可以打开相应的对象窗口，"切换文件夹" 可以隐藏或显示对象的分类文件夹。双击工程窗口上的一个模块或类，就会显示出相应代码的窗口。

3. 代码窗口（Code）

代码窗口主要用来编写、显示以及编辑 VBA 代码，如图 7-6 所示。

图 7-6 代码窗口

代码窗口的顶部有两个下拉列表框，左侧的是对象列表，右侧的是过程列表。从左侧选择一个对象后，右侧的列表框中就会列出该对象的所有事件过程，从该事件过程列表框中选择某个事件过程名后，系统会自动在代码编辑区生成相应事件过程的模板，用户可以向模板中添加代码。

代码窗口实际上是一个标准的文本编辑器，它提供了功能完善的文本编辑功能，可以简单、高效地对代码进行复制、删除、移动及其他操作。此外，在输入代码时，系统会自动显示关键字列表、关键字属性列表、过程参数列表等提示信息，用户可以直接从列表中选择，方便了代码的输入。

4．属性窗口（Properties）

属性窗口列出了所选对象的属性，可以按字母查看这些属性，也可以按分类查看这些属性。属性窗口由"对象"框和"属性"列表组成。其中，"对象"框用于列出当前所选的对象，"属性"列表可以按字母或分类对对象属性进行排序。

可以在属性窗口中直接编辑对象的属性，这是以前各章所用的方法，还可以在代码窗口中用 VBA 代码编辑对象的属性，前者属于"静态"的属性设置方法，后者属于"动态"的属性设置方法。

5．立即窗口（Immediate）

立即窗口是用来进行快速的表达式计算、简单方法的操作及进行程序测试的工作窗口。在代码窗口编写代码时，要在立即窗口打印变量或表达式的值，可使用 Debug.Print 语句。

在本章 7.1 节介绍了关于模块的概念，VBA 的工程资源管理器将模块分为"对象""标准"和"类"3 种类型模块，全部的 VBA 代码都包含在这 3 种类型模块中。对象模块包含了对窗体和报表发生的事件相应编写的代码；标准模块包含独立于指定对象的代码；类模块用于定义自定义对象的代码，在这里类模块暂不做讨论。

进入 VBA 编辑环境有多种方式：对于对象模块，在数据库对象窗体中，直接定位到窗体或报表上，然后单击菜单"视图"下的"代码"命令进入；或先定位到窗体或报表设计视图窗口上，通过指定对象事件处理过程进入，其方法有两种：

(1) 右键单击控件对象，单击快捷菜单上的"事件生成器"命令，打开如图 7-7 所示的对话框，选择其中的"代码生成器"，单击"确定"按钮即可进入。

(2) 单击属性窗口的"事件"选项卡，选中某个事件直接单击属性栏右旁的"…"按钮，也可以打开如图 7-7 所示"选择生成器"对话框，选择其中的"代码生成器"，单击"确定"按钮即可进入。

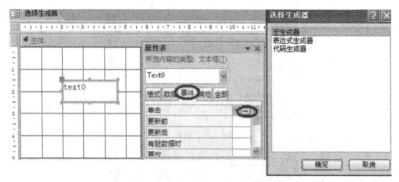

图 7-7　代码生成器窗口

对于标准模块，有 3 种进入方法：

（1）对于已存在的标准模块，只需从数据库窗体对象列表上选择"模块"选项打开模块窗口，双击要查看的模块对象即可进入。

（2）要创建新的标准模块，需从数据库窗体对象列表上选择"模块"选项打开模块窗口，单击工具栏上的"新建"按钮即可进入。

（3）在数据库对象窗体中，选择"工具"菜单里"宏"子菜单的"Visual Basic编辑器"选项即可进入。使用 Alt+F11 组合键，可以方便地在数据库窗口和 VBA 之间进行切换。

7.3.2 VBA 环境中编写代码

VBA 代码是由语句组成的，一条语句就是一行代码，例如：

```
i=3                  '将 3 赋值给变量 i
Debug.Print I        '在立即窗口打印变量 i 的值 3
```

在 VBA 模块中不能存储单独的语句，必须将语句组织起来形成过程，即 VBA 程序是块结构，它的主体是事件过程或自定义过程。

在 VBA 的代码窗口，将上面的两条语句写入一个自定义的子过程 Proce1：

```
Sub Proce1()
Dim i As Integer
i=3
Debug.Print i
End Sub
```

将光标定位在子过程 Proce1 的代码中，按 F5 键运行子过程代码，在立即窗口会看到程序运行结果：3。

对事件过程的代码编写，只要双击工程窗口中任何类或对象，都可以在代码窗口中打开相应代码并进行编辑处理。操作时，在代码窗口的左边组合框选定一个对象后，右边过程组合框中会列出该对象的所有事件过程，再从该对象事件过程列表选项中选择某个事件名称，系统会自动生成相应的事件过程模板，用户添加代码即可，如图 7-8 所示。

图 7-8　添加代码窗口

代码编辑区上部的通用声明段，主要书写模块级以上的变量声明、对选项的设置等，控制结构等语句要写在过程块结构中，过程块的先后次序与程序执行的先后次序无关。

在代码窗口内输入代码时,系统会自动显示关键字列表、关键字属性列表及过程参数列表等对象方法提示信息,方便初学用户的使用。

【例 7-3】 新建窗体并在其上放置一个命令按钮,然后创建该命令按钮的"单击"事件响应过程。操作步骤如下:

(1)进入 Access 的窗体"设计"视图,在新建窗体上添加一个命令按钮并命名为"cmdTest",如图 7-9 所示。

(2)选择"Test"命令按钮,单击右键打开属性窗体,单击"事件"卡片并设置"单击"属性为"(事件过程)"选项以便运行代码,如图 7-10 所示。

图 7-9 添加命令按钮

图 7-10 事件过程性窗口

(3)单击属性栏右边的"…"按钮,即进入新建窗体的类模块代码编辑区,在打开的代码编辑区里,可以看见系统已经为该命令按钮的"单击"事件自动创建了事件过程的模板。

(4)此时,只需在模板中添加 VBA 程序代码,这个事件过程即作为命令按钮的"单击"事件响应代码。这里,仅给出了一条语句(如图 7-11 所示):

MsgBox("测试完毕!")

(5)按 Alt + F11 组合键回到窗体"设计"视图,运行窗体,单击"test"命令按钮即可激活命令按钮"单击"事件,系统会调用设计好的事件过程来响应"单击"事件的发生,弹出"测试完毕!"消息框。响应代码运行效果如图 7-12 所示。

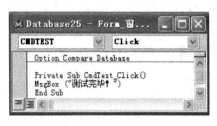

图 7-11 代码窗口

图 7-12 窗体运行结果

需要说明的是,上述事件过程的创建方法适合于所有 Access 窗体、报表和控件的事件代码处理。其间,Access 会自动为每一个事件声明事件过程模板,并使用 Private 关键字指明该事件过程只能被同一模块中的其他过程所访问。

7.3.3 数据类型和数据库对象

Access 数据库系统创建表对象时所涉及的字段数据类型(除了 OLE 对象和备注数据类型外),在 VBA 中都有数据类型相对应。

1. 数据类型

VBA 提供了较为完备的数据类型，它包含了除 Access 表中的 OLE 对象和备注类型以外的其他所有数据类型。VBA 的数据类型、类型说明符以及取值范围如表 7-2 所示。

表 7-2　VBA 基本数据类型

数据类型	类型标识	类型后缀	范围	默认值
整数	Integer	%	−32 768～32 767	0
长整数	Long	&	−2 147 483 648～2 147 483 647	0
单精度数	Single	!	负数：−3.402 823E38～−1.401 298E−45 正数：1.401 298E−45～3.402 823E38	0
双精度数	Double	#	负数：−1.797 693 134 862 32E308～ −4.946 564 584 124 7E−324 正数：4.946 564 584 124 7E−324～ 1.797 693 134 862 32E308	0
货币	Currency	@	−922 337 203 685 477.580 8～ 922 337 203 685 477.580 7	0
字符串	String	$	0～65 500 个字符	""
布尔型	Boolean		Tree 或 False	False
日期型	Date		100 年 1 月 1 日～ 9999 年 12 月 31 日	0
对象型	Object			
变体类型	Variant		数字和双精度同 文本和字符串同	Empty

（1）布尔型数据（Boolean）

布尔型数据只有两个值：True 和 False。布尔型数据转换为其他类型数据时，True 转换为 −1，False 转换为 0；其他类型数据转换为布尔型数据时，0 转换为 False，其他值转换为 True。

（2）日期型数据（Date）

任何可以识别的文本日期数据都可以赋给日期变量。"时间/日期"类型数据必须前后用"#"号封住，例如#2003/11/12#。

（3）变体类型数据（Variant）

变体类型是一种特殊的数据类型，除了定长字符串类型及用户自定义类型外，可以包含其他任何类型的数据。变体类型还可以包含其他 Empty、Error、Nothing 和 Null 特殊值。使用时，可以用 VarType 与 TypeName 两个函数来检查 Variant 中的数据。

VBA 中规定，如果没有显式声明或使用符号来定义变量的数据类型，则默认为变体类型。Variant 数据类型十分灵活，但使用这种数据类型最大的缺点在于缺乏可读性，即无法通过查看代码来明确其数据类型。除系统提供的上述基本数据类型外，VBA 还支持用户自定义数据类型。

2. 用户定义的数据类型

应用过程中可以建立包含一个或多个 VBA 标准数据类型的数据类型，这就是用户定义数据类型。它不仅包含 VBA 的标准数据类型，还可以包含前面已经说明的其他用户定义数据类型。

用户定义数据类型可以在 Type … End Type 关键字间定义，定义格式如下：

```
Type[数据类型名]
   <域名>As<数据类型>
```

```
        <域名>As<数据类型>
    End Type
```

【例 7-4】 定义一个学生信息数据类型。

```
Type NewStudent
    txtNo As String * 7      '学号，7 位定长字符串
    txtName As String        '姓名，变长字符串
    txtSex As String*1       '性别，1 位定长字符串
    txtAge As Integer        '年龄，整型
End Type
```

上述例子定义由 txtNo（学号）、txtName（姓名）、txtSex（性别）和 txtAge（年龄）4 个分量组成的名为 NewStudent 的类型。

当需要建立一个变量来保存包含不同数据类型字段的数据表的一条或多条记录时，用户定义数据类型就特别有用。一般用户定义数据类型使用时，首先要在模块区域中定义用户数据类型，然后显式以 Dim、Public 或 Static 关键字来定义此用户类型变量。用户定义类型变量的取值，可以指明变量名及分量名，两者之间用句号分隔，例如，定义一个学生信息类型变量 NewStud 并操作分址的例子如下：

```
Dim NewStud as NewStudent
NewStud.txtSno = "170306"
NewStud.txtName = "冯伟"
NewStud.txtSex = "女"
NewStud.txtAge = 20
```

可以用关键字 With 简化程序中重复的部分。例如，为上面 NewStud 变量赋值可以用以下语句。

```
With NewStud
    .txtSno = "170306"
    .txtName = "冯伟"
    .txtSex = "女"
    .txtAge = 20
End Age
```

7.3.4 变量与常量

1. 常量

常量是在程序中可以直接引用的实际值，其值在程序运行中不变。不同的数据类型，常量的表现形式也不同，在 VBA 中有 3 种常量：直接常量、符号常量和系统常量。常量表示一个具体的、不变的值。VBA 的常量包括数值常量、字符常量、符号常量、系统常量和内部常量 5 种。其中数值常量和字符常量最常用。

（1）数值常量

数值常量由数字等组成，如 256、123.45、34.123 E-5 等。

（2）字符常量

由定界符括起来的一串字符，如"Computer"、"ABC"、"武汉"等。

(3) 符号常量

符号常量可用 Const 语句创建，格式如下：

```
Const 符号常量名称=常量值
```

其中，符号常量的名称一般用大写命名，以便和变量区分。

例如，下面的语句定义了符号常量 PI，其值为 3.1416。

```
Const PI=3.1416
```

如果在 Const 前面加上 Global 或 Public，则定义的符号常量就是全局符号常量，这样，在所有的模块中都可以使用。

在定义符号常量时，不需要为常量指出数据类型，VBA 会自动按存储效率最高的方式确定其数据类型。在程序运行过程中对符号常量只能作读取操作，而不能对其进行修改或重新赋值。

(4) 系统常量

系统常量是指 Access 启动时自动建立的常量，包括 True、False、Yes、No、Off、On 和 Null 等，可以在 Access 中的任何地方使用系统常量。

(5) 内部常量

内部常量是 VBA 预定义的内部符号常量，所有内部常量均可在宏或 VBA 代码中使用。通常，内部常量通过前两个字母来指明定义该常量的对象库。来自 Access 库的常量以 "ac" 开头，例如 acCmdSaveAs，来自 ActiveX Data Objects(ADO)库的常量以 "ad" 开头，而来自 VB 库的常量则以 "vb" 开头。

可以在任何允许使用符号常量的地方使用内部常量。

2．变量

变量是指在应用过程中其值可以改变的量。

(1) 变量的命名规则

每个变量有一个名称和相应的数据类型，数据类型决定了该变量的存储方式，而通过变量名可以引用一个变量。

在为变量命名时，应遵循以下原则：

① 变量名只能由字母、数字和下画线组成。

② 变量名只能以字母开头。

③ 变量名不能使用系统保留的关键字，例如 PRINT、WHERE 等。

④ 在 VBA 的变量名中不区分大小写字母，例如，ABC、abc 或 Abc 表示同一个变量。

除变量名外，VBA 中的过程名、符号常量名、自定义类型名、元素名等在命名时都遵循以上的规则。

在命名变量时，通常采用大小写字母混合的方式，例如 PrintText，这样定义的变量名更具有可读性。

(2) 变量类型的定义

根据对变量类型定义的方式不同，可以将变量分为两种形式。

① 隐含型变量

隐含型变量是指在使用变量时，在变量名之后添加不同的后缀表示变量的不同类型。

例如，下面的语句定义了一个整数类型的变量：

```
NewVar%=65
```

如果在变量名称后面没有添加后缀字符来指明隐含变量的类型，系统会默认为 Variant 数据类型。

② 显式变量

显式变量是指在使用变量时要先定义后使用，定义变量采用下面的方式：

```
Dim 变量名 As 类型名
```

例如，下面的语句定义了整型变量 NewVar：

```
Dim NewVar As Integer
```

下面的语句定义了定长字符串变量 MyName：

```
Dim MyName As String*10
```

在一条 Dim 语句中也可以定义多个变量，例如，下面的语句将 Var1 和 Var2 分别定义为字符串变量和双精度变量：

```
Dim Var1 AS String, Var2 AS Double
```

在 Dim 语句中省略了 As 和类型名时表示定义的是变体类型。例如，下面的语句将 Var1 和 Var2 分别定义为变体类型变量和双精度变量：

```
Dim Var1, Var2 As Double
```

(3) 变量的作用域

变量的作用域是指变量在程序中可使用的范围，定义变量的位置不同，其作用范围也不同。根据变量的作用域，可以将变量分为 3 类，分别是局部变量、模块变量和全局变量。

① 局部变量

局部变量是指定义在模块过程内部的变量，即在子过程或函数过程中定义的或者是不用 Dim…As 而直接使用的变量，这些都是局部变量。局部变量的作用域是它所在的过程，这样，在不同的过程中就可以定义同名的变量，它们之间是相互独立的。

② 模块变量

模块变量是在模块的起始位置、所有过程之外定义的变量，运行时模块所包含的所有子过程和函数中都可以使用该变量。

③ 全局变量

全局变量是在标准模块的所有过程之外的起始位置定义的变量，运行时在所有类模块和标准模块的所有子过程和函数过程中都可以使用该变量。在标准模块的变量定义区域，用下面的语句定义全局变量：

```
Public 变量 As 数据类型
```

(4) 数据库对象变量

在 Access 数据库中建立的对象与属性，均可作为 VBA 程序代码中的变量及其指定的值来加以引用。窗体对象的引用格式如下：

```
Forms!窗体名称!控件名称[.属性名称]
```

报表对象的引用格式如下:

```
Repons!报表名称!控件名称[.属性名称]
```

上面的格式中如果省略了属性名称,则表示控件的基本属性。

例如,设置"学生基本情况"窗体中"学号"文本框的属性,用 VBA 程序代码表示如下:

```
Forms!学生基本情况!学号 = "070501"
```

等价于:

```
Forms!学生基本情况!学号.Value = "070501"
```

(5) 变量的强制声明

在默认情况下,VBA 允许在代码中使用未声明的变量。如果在模块设计窗口的顶部"通用-声明"区域中加入语句

```
Option Explicit
```

强制要求所有变量必须定义才能使用。这种方法只能为当前模块设置了自动变量声明功能,如果想为所有新模块都启用此功能。可以单击菜单命令"工具"下的"选项"对话框,选中"要求变量声明"选项即可。

3. 数组

数组是在有规则的结构中包含一种数据类型的一组数据,也称作数组元素变置。数组变量由变量名和数组下标构成,通常用 Dim 语句来定义数组,定义格式为

```
Dim 数组名([下标下限 to]下标上限)
```

默认情况下,下标下限为 0,数组元素从"数组名(0)"至"数组名(下标上限)";如果使用 to 选项则可以安排非 0 下限。

例如:

```
Dim NewArray(10)As Integer    '定义 11 个整型数构成的数组,元素为 NewArray(0)至
                               NewArray(10)
Dim NawArray(1 To 10)As Integer '定义 10 个整型数构成的数组,元素为 NewArray(1)至
                               NewArray(10)
```

VBA 也支持多维数组。可以在数组下标中加入多个数值,并以逗号分开,由此来建立多维数组,最多可以定义 60 维。下面定义了一个 3 维数组 NewArray:

```
Dim NewArray(5, 5, 5)As Integer        '有 6 * 6 * 6 = 216 个元素
```

VBA 还特意支持动态数组。定义和使用方法:先用 Dim 显式定义数组,但不指名数组元素数目,然后用 ReDim 关键字来决定数组包含的元素数,以建立动态数组。

下面举例说明动态数组的创建方法:

```
Dim NewArray( )As Long          '定义动态数组
…
ReDim NewArray(9, 9, 9)         '分配数组空间大小
…
```

在实际开发过程中，当预先不知道数组定义需要多少元素时，动态数组是很有用的，而且不再需要动态数组包含的元素时，可以使用 ReDim 将其设为 0 个元素，释放该数组占用的内存。VBA 中，在模块的声明部分使用"Oplion Bale 1"语句。可以将数组的默认下标下限由 0 改为 1。

7.3.5 常用标准函数

在 VBA 中，除模块创建中可以定义子过程与函数过程完成特定功能外，又提供了近百个内置的标准函数。可以方便地完成许多操作。标准函数一般用于表达式中，有的可以和语句一样使用。其使用形式如下：

函数名(<参数 1><，参数 2>[，参数 3][，参数 4][，参数 5]...)

其中，函数名必不可少，函数的参数放在函数名后的圆括号中，参数可以是常量、变量或表达式，可以有一个或多个，少数函数为无参函数。每个函数被调用时。都会返回一个返回值。需要指出的是：函数的参数和返回值都有特定的数据类型对应。下面按分类介绍一些常用标准函数的使用。

1. 算术函数

算术函数完成数学计算功能，主要包括以下算术函数。

(1) 绝对值函数 Abs(<表达式>)

返回数值表达式的绝对值，如 Abs(−3)=3

(2) 向下取整函数 Int(<数值表达式>)

返回数值表达式的向下取整数的结果，参数为负值时返回小于等于参数值的第一个负数。

(3) 取整函数 Fix(<数值表达式>)

返回数位表达式的整数部分，参数为负值时返回大于等于参数值的第一个负数。

当参数为正值时，Int 和 Fix 函数结果相同；当参数为负时，结果可能不同。Int 返回小于等于参数值的第一个负数，而 Fix 返回大于等于参数值的第一个负数。

例如：Int(3.25)=3，Fix(3.25)=3，但 Int(−3.25)=−4，Fix(−3.25)=−3

(4) 四舍五入函数 Round(<数值表达式>[，<表达式>])

按照指定的小数位数进行四舍五入运算的结果，[<表达式>]是进行四舍五入运算小数点右边应保留的位数。

例如：Round(3.255，1)=3.3；Round(3.255，2)；Round(3.754，1)=3.28；Round(3.754，2)=3.75；Round(3.754，0)=4

(5) 开平方函数 Sqr(<数值表达式>)

计算数值表达式的平方根。例如，Sqr(9)=3。

(6) 产生随机数函数 Rnd(<数值表达式>)

产生一个 0−1 之间的随机数，为单精度类型。

数值表达式参数为随机数种子，决定产生随机数的方式。如果数值表达式值小于 0，则每次产生相同的随机数；如果数值表达式值大于 0，则每次产生新的随机数；如果数值表达式值等于 0，则产生最近生成的随机数，且生成的随机数序列相同；如果省略数值表达式参数，则默认参数位大于 0。

实际操作时，先要使用无参数的 Randomize 语句初始化随机数生成器，以产生不同的随机数序列。

例如：

```
Int(100*Rnd)            '产生[0，99]的随机整数
Int(101*Rnd)            '产生[0，100]的随机整数
Int(100，Rnd+1)          '产生[i，100]的随机整数
Int(100+200*Rnd)        '产生[100，299]的随机整数
Int(100+201*Rnd)        '产生[100，300]的随机整数
```

2. 字符串函数

(1) 字符串检索函数 InStr([Start，] <Str1>，<Str2> [，Compare])

检索子字符串 Str2 在字符串 Str1 中最早出现的位置，返回一整型数。Start 为可选参数，为数值式，设置检索的起始位置。如省略，则从第一个字符开始检索；如包含 Null 值，则发生错误。Compare 也为可选参数，指定字符串比较的方法。值可以为 1、2 和 0（缺省）。指定 0（缺省），做二进制比较；指定 1，做不区分大小写的文本比较；指定 2，做基于数据库中包含信息的比较。如值为 Null，会发生错误。如指定了 Compare 参数，则一定要有 Start 参数。

注意，如果 Str1 的串长度为零，或 Str2 表示的串检索不到，则 InStr 返回 0；如果 Str2 的串长度为零，则 InStr 返回 Start 的值。

例如：

```
str1 = "98765"
str2 = "65"
s = InStr(str1 ,str2)              '返回 4
s = InStr( 3，"aSsiAB"，"a"，1)    '返回 5。从字符 s 开始，检索出字符 A
```

(2) 字符串长度检测函数 Len(<字符串表达式>或<变量名>)

返回字符串所含字符数。注意，定长字符，其长度是定义时的长度，和字符串实际值无关。

例如：

```
Dim str As String * 10
Dim i
str = "123"
i = 12
len1 = Len("12345")          '返回 5
len2 = Len(12)               '出错
len3 = Len(i)                '返回 2
len4 = Len("考试中心")        '返回 4
len4 = Len(str)              '返回 10
```

(3) 字符串截取函数

```
Left (<字符串表达式>，<N>)：字符串左边起截取 N 个字符。
Right(<字符串表达式>，<N>)：字符串右边起截取 N 个字符。
Mid(<字符串表达式>，<N1>，[N2])：从字符串左边第 N1 个字符起截取 N2 个字符。
```

注意，对于 Left 函数和 Right 函数，如果 N 值为 0，则返回零长度字符串；如果大于等于字符串的字符数，则返回整个字符串。对于 Mid 函数，如果 N1 值大于字符串的字符数，则返回零长度字符串；如果省略 N2，则返回字符串中左边起 N1 个字符开始的所有字符。

例如：

```
str1 = "opqrst"
str2 = "山东理工大学"
```

```
        str = Left(str1, 3)          '返回"opq"
        str = Left(str2, 4)          '返回"山东理工"
        str = Right(str1, 2)         '返回"st"
        str = Right(str2, 2)         '返回"大学"
        str = Mid(str1, 4, 2)        '返回"rs"
        str = Mid(str2, 1, 3)        '返回"山东理"
        str = Mid(str2, 3, )         '返回"理工大学"
```

(4) 生成空格字符函数 Space(<数值表达式>)

返回数值表达式的值指定的空格字符数。

```
        str1 = Space(3)              '返回3个空格字符
```

(5) 大小写转换函数

Ucase(<字符串表达式>): 将字符串中小写字母转换成大写字母。

Lcase(<字符串表达式>): 将字符串中大写字母转换成小写字母。

例如:

```
        str1 = Ucase("fHkrYt")       '返回"FHKRYT"
        str2 = Lcase("fHkrYt")       '返回"fhkryt"
```

(6) 删除空格函数

Ltrim(<字符串表达式>): 删除字符串的开始空格。

Rtrim(<字符串表达式>): 删除字符串的尾部空格。

Trim(<字符串表达式>): 删除字符串的开始和尾部空格。

例如:

```
        str = "ab cde"
        str1 = Ltrim(str)            '返回"ab cde"
        str2 = Rtrim(str)            '返回"ab cde"
        str3 = Trim(str)             '返回"ab cde"
```

3. 日期/时间函数

日期/时间函数的功能是处理日期和时间,主要包括以下函数。

(1) 获取系统日期和时间函数

Date(): 返回当前系统日期。

Time(): 返回当前系统时间。

Now(): 返回当前系统日期和时间。

例如:

```
        D = Date()                   '返回系统日期,如2017-08-08
        T = Time()                   '返回系统时间,如9:45:00
        DT = Now()                   '返回系统日期和时间,如2017-08-08 9:45:00
```

(2) 截取日期分量函数

Year(<表达式>): 返回日期表达式年份的整数。

Month(<表达式>): 返回日期表达式月份的整数。

Day(<表达式>): 返回日期表达式日期的整数。

Weekday(<表达式>[,W]): 返回1-7的整数,表示星期几。

例如:

```
        D = #2017-8-8#
```

```
YY = Year(D)            '返回 2017
MM = Month(D)           '返回 8
DD = Day(D)             '返回 8
```

(3) 截取时间分量函数

Hour(<表达式>)：返回时间表达式的小时数(0-23)。
Minute(<表达式>)：返回时间表达式的分钟数(0-58)。
Second(<表达式>)：返回时间表达式的秒数(0-59)。

例如：

```
T = #10: 40: 11#
HH = Hour(T)            '返回 10
MM = Minute(T)          '返回 40
SS = Second(T)          '返回 11
```

4. 类型转换函数

类型转换函数的功能是将数据类型转换成指定数据类型。例如，窗体文本框中显示的数值数据为字符串型，要想作为数值处理就应进行数据类型转换。

(1) 字符串转换字符代码函数 Asc(<字符串表达式>)

返回字符串首字符的 ASCII 值。

例如：

```
s = Asc("abcdef")'返回 97
```

(2) 字符代码转换字符函数 Chr(<字符代码>)

返回与字符代码相关的字符。

例如：

```
s = Chr(70)'返回 f;
s = Chr(13)'返回回车符
```

(3) 数字转换成字符串函数 Str(<数值表达式>)

将数值表达式值转换成字符串。注意，当一数字转换成字符串时，总会在前头保留一空格来表示正负。表达式值为正，返回的字符串包含一前导空格表示有一正号。

例如：

```
s = Str(99)             '返回 "99"，有一前导空格
s = Str(-6)             '返回 "-6"
```

(4) 字符串转换成数字函数 Val(<字符串表达式>)

将数字字符串转换成数值型数字。注意，数字串转换时可自动将字符串中的空格、制表符和换行符去掉，当遇到它不能识别为数字的第一个字符时，停止读入字符串。

例如：

```
s = Val(" ")            '返回 16
s = Val(" ")            '返回 345
s = Val(" ")            '返回 76
```

5. 字符串转换日期函数 DateValue(<字符串表达式>)

将字符串转换为日期值。

例如：

```
D = DateValue("February 29, 2004")        '返回#2004- 2-29#
```

7.3.6 运算符和表达式

表达式是指用运算符将常量、变量和函数连接起来的有意义的式子。VBA中有算术运算符、关系运算符、逻辑运算符、连接运算符和对象运算符。

1．算术运算符与算术表达式

算术运算符用于算术运算，主要包括乘幂"^"、乘法"*"、除法"/"、整数除法"\"、求模"Mod"、加法"+"和减法"-"7个运算符。这7个运算符中，乘法、除法、加法和减法不需要解释，下面对乘幂、整数除法和求模运算符做一些说明。

乘幂运算符"^"完成乘方运算，例如，2^3的结果是8，(-2)^3的结果是-8。

整数除法运算符"\"用来对两个操作数做除法运算并返回一个整数，如果操作数中有小数部分，系统会先取整后再运算，运算结果有小数时也舍去。

例如，10\3的结果是3，10.2\4.8的结果是2。

求模运算符"Mod"返回两个操作数相除后的余数，如果操作数有小数部分，系统会先四舍五入将其变成整数后再运算，运算结果的符号与被除数相同。

例如，10 Mod 4 的结果是2，12 Mod -5 的结果是2，-12.8 Mod 4 的结果是-1。

这7个运算符的优先级从高到低的顺序是乘幂、乘除、整数除法、求模、加减法。

2．关系运算符关系表达式

关系运算符用来表示两个值或表达式之间的大小关系，有相等"="、不等"<>"、大于">"、大于等于">="、小于"<"、小于等于"<="6个运算符。

关系运算符用来对两个操作数据进行大小的比较，比较运算的结果为逻辑值，分别是True(真)和False(假)。

例如，表达式10<5的结果是False。

表达式"ab>aa"的结果是True。

表达式#2008/5/12# < #2008/10/1#的结果是True。

所有关系运算符的优先级别相同。

3．逻辑运算符与逻辑表达式

逻辑运算符包括逻辑与"AND"、逻辑或"OR"和逻辑非"NOT"共3个运算符，其运算规则见表7-3的真值表。

表7-3 逻辑运算真值表

A	B	NOT A	A AND B	A OR B
True	True	False	True	True
True	False	False	False	True
False	True	True	False	True
False	False	True	False	False

优先级顺序依次为 NOT → AND → OR。

例如，6>8 AND 10>3 的结果是True，6>8 AND 2>3 的结果是False。

由逻辑量构成的表达式进行算术运算时，True值当成-1，False值当作0来处理。

4. 连接运算符

连接运算符的运算量是字符串，它的作用是将两个字符串连接。

连接运算符有"+"和"&"两个。

"+"运算符是当两个运算量都是字符串数据时，将其连接成一个新的字符串。

例如，"abc"+"xyz"的结果是"abcxyz"。

"&"用来对两个表达式强制进行连接。

例如，"2+3" & "=" & (2+3)的结果是"2+3=5"。

以上 4 类运算符优先级从高到低的顺序是算术运算符、连接运算符、关系运算符、逻辑运算符。

5. 对象运算符与对象运算表达式

VBA 中有各种对象，包括表、查询、窗体、报表等。窗体上的控件，如文本框、命令按钮等都是对象。所谓对象表达式是指用来说明具体对象的表达式。对象表达式中使用"！"和"."两种运算符。

！运算符的作用是指明随后用户定义的内容。使用！运算符可以引用一个已经打开的窗体、报表或其上的控件，也可以在表达式中引用一个对象或对象的属性。例如：

Forms!学生基本情况!学号 ,引用已经打开的"学生基本情况"窗体上的"学号"控件

点运算符(.)通常指出随后为 Access 定义的内容。使用 . 运算符可引用窗体、报表或控件等对象的属性。例如：

Repons!学生成绩单!学号.Visible

6. 表达式和优先级

将常量和变量用上述运算符连接在一起构成的式子就是表达式。如 12*3/4−7 Mod 2+2＞3 就是一个表达式。

注意，在 VBA 中，逻辑量在表达式里进行算术运算，True 值被当成−1、False 值被当成 0 处理。

当一个表达式由多个运算符连接在一起时，运算进行的先后顺序是由运算符的优先级决定的。优先级高的运算先进行，优先级相同的运算依照从左向右的顺序进行。

关于运算符的优先级做如下说明：

(1)优先级为"算术运算符＞连接运算符＞比较运算符＞逻辑运算符"。

(2)所有比较运算符的优先级相同；也就是说，按从左到右的顺序处理。

(3)括号的优先级最高。可以用括号改变优先顺序，强令表达式的某些部分优先运行。

7.3.7 面向对象程序设计的基本概念

Access 内部提供了功能强大的向导机制，能处理基本的数据库操作。在此基础上再编写适当的程序代码，可以极大地改善程序功能。Access 内嵌的 VBA 功能强大，采用目前主流的面向对象机制和可视化编程环境。

1. 对象和类

Access 采用面向对象程序开发环境，其数据库窗口可以方便地访问和处理表、查询、窗体、表、页、宏和模块对象。VBA 中可以使用这些对象以及范围更广泛的一些可编程对象，如"记录集"等。

一个对象就是一个实体,如一辆自行车或一个人等。每种对象都具有一些属性以相互区分,如自行车的尺寸、颜色等,即属性可以定义对象的一个实例,例如一辆28#的自行车和一辆26#自行车就分别定义了自行车对象的两个不同的实例。

对象的属性按其类别会有所不同,而且同一对象的不同实例属性构成也可能有差异。比如自行车对象的属性与人这个对象的属性显然不同、同属自行事对象的普通自行车和专业自行车的属性构成也不尽相同。

对象除了属性以外还有方法。对象的方法就是对象的可以执行的行为,自行车行走、人说话等。一般情况下,对象都具有多个方法。

类是一种抽象的数据类型,是面向对象程序设计的基础,每个类包含数据和操作数据的一组函数,类的数据部分称为数据成员或属性,类的函数部分称为成员函数,有时候也称为方法,对象是类的实例。

Access 应用程序由表、查询、窗体、报表、页、宏和模块对象列表构成,形成不同的类。Access 数据库窗体左侧显示的就是数据库的对象类,单击其中的任一对象类,就可以打开相应的对象窗口。而且,其中有些对象内部,例如窗体、报表等,还可以包含其他对象控件。

2. 属性和方法

每种对象都具有一些属性,可以通过属性来相互区分,例如,学生的学号、姓名、汽车的型号、牌照等,即属性可以定义对象的一个实例。对象的属性按其类别会有所不同,而且同一对象的不同实例属性构成也可能有差异。

对象除了属性外还有方法。对象的方法就是对象可以执行的行为,一般情况下,对象都有多个方法。属性和方法描述了对象的性质和行为。其引用方式:对象.属性或对象.行为。

Access 中的"对象"可以是单一对象,也可以是对象的集合。例如,Label.Caption 属性表示"标签"控件对象的标题属性,Reports.Item(0)表示报表集合中的第一个报表对象。数据库对象的属性均可以在各自的"设计"视图中,通过"属性窗体"进行浏览和设置。

Access 应用程序的各个对象都有一些方法可供调用。了解并掌握这些方法的使用可以极大地增强程序功能,从而写出优秀的 Access 程序来。

Access 中除数据库的 7 个对象外,还提供一个重要的对象:DoCmd 对象。它的主要功能是通过调用包含在内部的方法实现 VBA 编程中对 Access 的操作。例如,利用 DoCmd 对象的 Open Report 方法可打开报表"教师信息",语句格式为:

```
DoCmd.OpenReport "教师信息"
```

DoCmd 对象的方法大都需要参数。有些是必须的,有些是可选的,被忽略的参数取默认值。例如,上述 OpenReport 方法有 4 个参数,见下面的调用格式:

```
DoCmd. OpenReport reportname[ , view][ , filtername][, wherecondition ]
```

其中,只有 reportname(报表名称)参数是必需的。

DoCmd 对象还有许多方法,可以通过帮助文件查询使用。

3. 事件和事件过程

事件是 Access 窗体或报表及其上的控件等对象可以"辨识"的动作,如单击鼠标、窗体或报表打开等。在 Access 数据库系统

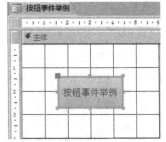

图 7-13　按钮事件举例

里，可以通过两种方式来处理窗体、报表或控件的事件响应。一是使用宏对象来设置事件属性，对此前面已有叙述；二是为某个事件编写 VBA 代码过程，完成指定动作，这样的代码过程称为事件过程或事件响应代码。下面的事件过程描述单击按钮后发生的一系列动作，如图 7-13 所示。

```
Private Sub Command0_Click()
Command0.Caption = "山东理工大学"
Command0.ForeColor = red
End Sub
```

4. 常用的事件

在 Access 系统中，常用的事件有：鼠标事件、键盘事件、窗口事件、对象事件和操作事件等。

(1) 鼠标常用事件

① Click 事件：每单击一次鼠标，激发一次该事件。
② Dblelick 事件：每双击一次鼠标，激发一次该事件。
③ MouseMove 事件：移动鼠标所激发的事件。
④ MouseUp 事件：释放鼠标所激发的事件。
⑤ MouseDown 事件：按下鼠标所激发的事件。

(2) 键盘常用事件

① KeyPress 事件：每敲击一次键盘，激发一次该事件。该事件返回的参数 KeyAscii 是根据被敲击键的 ASCII 码来决定的。如 A 和 a 的 ASCII 码分别是 65 和 97，则敲击它们时的 KeyAscii 返回值也不同。

② KeyDown 事件：每按下一个键，激发一次该事件。该事件返回的参数 KeyCode 是由键盘上的扫描码决定的。如 A 和 a 的 ASCII 码分别是 65 和 97，但是它们在键盘上却是同一个键，因此它们的 KeyCode 返回值相同。

③ KeyUp 事件：每释放一个键，激发一次该事件。该事件的其他方面与 KeyDown 事件类似。

(3) 窗体常用事件

① Open 事件：打开窗体事件。
② Load 事件：加载窗体事件。
③ Resize 事件：重绘窗体事件。
④ Active 事件：激活窗体事件。
⑤ Unload 事件：卸载窗体事件。
⑥ Close 事件：关闭窗体事件。

在打开窗体时，将按照下列顺序发生相应的事件：Open → Load → Resize → Activate。在关闭窗体时，将按照下列顺序发生相应的事件：Unload →Close。

(4) 对象常用事件

① GotFocus 事件：获得焦点事件。
② LostFocus 事件：失去焦点事件。
③ BeforeUpdate 事件：更新前事件。

④ AfterUpdate 事件：更新后事件。
⑤ Chang 事件：更改事件。
(5) 操作常用事件
① Delete 事件：删除事件。
② BeforeInsert 事件：插入前事件。
③ AfterInsert 事件：插入后事件。

5．DoCmd 对象及其常用的方法

(1) DoCmd 对象

DoCmd 是 Access 提供的又一个重要的对象。通过该对象，可以调用 Access 内部的方法，这样就可以在 VBA 程序中对数据库进行操作，例如打开窗体、打开报表、显示记录、指针移动等。

用 DoCmd 调用方法的格式如下：

DoCmd.方法名 参数表

格式中 DoCmd 和方法名之间用圆点连起来，这里的方法名是绝大多数宏操作名，格式中的参数表列出了该操作的各个参数，DoCmd 操作对应着一条宏命令的操作，如 DoCmd.OpenTable "教师"，acViewNormal，acEdit 命令对应的宏命令操作如图 7-14 所示。

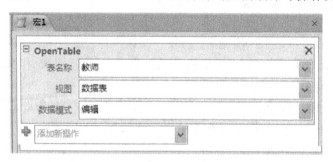

图 7-14 DoCmd 对象与宏设计窗口的对应

在宏操作命令中，有一部分操作的方法是 DoCmd 对象不支持的，这些操作在 VBA 中以其他方式实现，这些方法及对应的操作如表 7-4 所示。

表 7-4 DoCmd 对象不支持的宏操作命令

方　　法	相应的 VBA 实现
AddMenu	没有相应的表示
MsgBox	使用 MsgBox 函数
RunApp	使用 Shell 函数运行其他应用程序
RunCode	使用过程调用语句(Call 语句)
SendKeys	使用 SendKeys 语句
SetValue	使用赋值语句
StopAllMacros	使用 Stop 或 End 语句
StopMacro	使用 Exit Sub 或 Exit Function 语句

(2) DoCmd 常用的方法

DoCmd 常用的方法包括打开窗体、报表、表和查询等对象，以及关闭这些对象。

DoCmd 对象的大多数方法都有参数，有些参数是必需的，而有些参数是可选的。如果省略了可选参数，则这些参数将取默认值。

① 打开窗体操作

打开窗体的方法为 OpenForm，其命令格式如下。

```
DoCmd.OpenForm formname[,view][,filtemame][,wherecondition][,datamode]
    [,windowmode][,openargs]
```

命令中的参数含义如下。

formname：字符串表达式，代表当前数据库中窗体的有效名称。

view：该参数使用下列固有常量之一，acDesign、acFormDS、acNormal、acPreview，默认值为 acNormal，表示在"窗体"视图中打开窗体。

filtername：字符串表达式，代表当前数据库中查询的有效名称。

wherecondition：字符串表达式，不包含 WHERE 关键字的有效 SQL WHERE 子句。

datamode：该参数使用下列固有的常量之一，acFormAdd、acFormEdit、acForm-PropertySettings（默认值）、acFormReadOnly。使用默认常量时，Access 将在一定数据模式中打开窗体，数据模式由窗体的 AllowEdits、AllowDeletions、AllowAdditions 和 DataEntry 属性设置。

windowmode：指定窗体的打开方式，使用下列固有常量之一，acDialog、acHidden、acIcon、acWindowNormal（默认值）。

openargs：字符串表达式。仅在 Visual Basic 中使用的参数，用来设置窗体中的 OpenArgs 属性。该设置可以在窗体模块的代码中使用。

其中，wherecondition 参数的最大长度是 32 768，而"宏"窗口中 Where Condition 操作参数的最大长度为 256 个字符。

说明：可选参数如果空缺，包含参数的逗号不能省略。如果有一个或多个位于末尾的参数空缺，则在指定的最后一个参数后面不需使用逗号。

【例 7-5】 下面的命令用 DoCmd 调用 OpenForm 方法，打开当前数据库中的"教师"窗体，在该窗体中只包含那些基本工资大于 5000 的教师。

```
DoCmd.OpenForm "学生基本情况", , ,"[基本工资] >=5000"
```

② 打开报表操作

打开报表使用 OpenReport 方法，命令格式如下：

```
DoCmd.OpenReport reportname[,view][,filtername][,wherecondition]
```

命令中的参数含义如下：

reportname：字符串表达式，代表当前数据库中报表的有效名称。

view：使用下列固有常量之一，acViewDesign、acViewNormal（默认值）、acViewPreview。采用默认值 acViewNormal 将立刻打印报表。

filtername：字符串表达式，代表当前数据库中查询的有效名称。

wherecondition：字符串表达式，不包含 WHERE 关键字的有效 SQL WHERE 子句。

③ 打开表操作

打开表使用 OpenTable 方法，格式如下：

```
DoCmd.OpenTable tablename[,view][,datamode]
```

OpenTable 方法具有下列参数：

tablename：字符串表达式，代表当前数据库中表的有效名称。

view：使用下列固有常量之一，acViewDesign、acViewNormal（默认值）、acViewPreview。采用默认值 acViewNormal 将在"数据表"视图中打开表。

datamode：使用下列固有常量之一，acAdd、acEdit（默认值）、acReadOnly、acNewRec

【例7-6】 以下过程中，通过 DoCmd 调用 OpenTable 方法，完成在"数据表"视图中打开"教师"表，并且移到一条新记录的操作。

```
Sub ShowNewRecord()
    DoCmd.OpenTable "教师", acViewNormal
    DoCmd.GoToRecord , , acNewRec
End Sub
```

④ 打开查询操作

打开查询的操作格式如下：

```
DoCmd.OpenQuery queryname[,view][,datamode]
```

OpenQuery 方法具有下列参数。

queryname：字符串表达式，代表当前数据库中查询的有效名称。

view：使用下列固有常量之一，acViewDesign、acViewNormal（默认值）、acViewPreview。

如果 queryname 参数是选择、交叉表、联合或传递查询的名称，并且它的 ReturnsRecords 属性设置为-1，acViewNormal 将显示查询的结果集。如果 queryname 参数引用操作、数据定义或传递查询，并且它的 ReturnsRecords 属性设置为 0，则 acViewNormal 将执行查询。

datamode：使用下列固有常量之一，acAdd、acEdit（默认值）、acReadOnly。

⑤ 关闭对象操作

Close 方法用来关闭对象，命令格式如下：

```
DoCmd.Close[objecttype,objectname], [save]
```

Close 方法具有下列参数。

objecttype：使用下列固有常量之一，acDataAccessPaSe、acDefault（默认值）、acDiagram、acForm、acMacro、acModule、acQuery、acReport、acServerView、acStoredProcedure、acTable。

objectname：字符串表达式，代表有效的对象名称，对象类型由 objecttype 参数指定。

save：使用下列固有常量之一，acSaveNO、acSavePrompt（默认值）、acSaveYes。

如果将 objecttype 和 objectname 参数都省略，则 Access 将关闭活动窗口。

【例7-7】 下面的命令通过 DoCmd 调用 Close 方法，完成关闭"学生信息标签"报表的操作。

```
DoCmd.Close acReport,"学生信息标签"
```

7.4 VBA 流程控制语句

用 VBA 语言编写的程序是由语句组成的，由语句来完成程序所要实现的功能，程序设计者要做的工作就是控制计算机在什么时间做出什么动作，就如同十字路口的交通警察，控制车辆和行人，什么时候车辆或者行人走，什么时候车辆或者行人停一样。程序设计就是利用程序流程控制语句告诉计算机该如何做出选择,从而达到程序设计者的设计意图。在 VBA 中,一个语句是能够完成某项操作的一条命令。VBA 程序就是由大量的语句构成的。

7.4.1 语句

一个程序由若干条语句构成,一条语句是可以完成某个操作的一条命令,按功能不同,可以将语句分为两类。

一类是声明语句,用于定义变量、常量或过程,另一类是执行语句,用于执行赋值操作、调用过程、实现各种流程控制。

根据流程控制的不同,执行语句可以构成以下 3 种结构:

顺序结构:按照语句的先后顺序来执行。

分支结构:又称为条件结构或选择结构,根据条件选择执行不同的分支。

循环结构:根据某个条件重复执行某一段程序语句。

1. VBA 程序的书写格式

在书写程序时,要遵循下面的规则:

(1)习惯上将一条语句写在一行。

(2)如果一条语句较长、一行写不下,可以将语句写在连续的多行,除了最后一行之外,前面每一行的行末要使用续行符"_"。

(3)几条语句写在一行时,可以使用冒号":"分隔各条语句。

2. 注释语句

对程序添加适当的注解可以提高程序的可读性,对程序的维护带来很大便利。

在 VBA 程序中,可以使用两种方法为程序添加注释。

(1)使用 Rem 语句,其格式如下:

```
Rem 注释内容
```

(2)在某条语句之后加上英文的单引号,单引号之后的内容为注释内容。

3. 声明语句

声明语句用来定义和命名变量、符号常量和过程,在定义这些内容的同时,也定义了它们的作用范围。

4. 赋值语句

赋值语句用来为变量指定一个值,它的格式如下:

```
变量名 = 值或表达式
```

该语句的执行过程:先计算表达式,然后将其值赋给变量。例如,下面的程序段定义了两个变量并分别为其赋值:

```
Dim Var1, Var2
Var1=123
    Var2="Basic"
```

为对象的属性赋值,使用的格式如下:

```
对象名.属性 = 属性值
```

7.4.2 数据的输入输出

在编写程序对数据进行处理时，先要输入被处理的数据，在处理之后要对结果进行输出，在 VBA 中用于输入和输出的有以下两个函数。

1. InputBox 函数

可以使用输入对话框来输入数据，输入对话框中包含文本框、提示信息和命令按钮，当用户输入数据并按下按钮时，系统会将文本框中的内容作为输入的数据。输入对话框的功能是通过调用 InputBox 函数实现的。

函数格式：InputBox(Prompt[，Title][,Default][,Xpos][,Ypos])

语句格式：InputBox Prompt[，Title][,Default][,Xpos][,Ypos]

除了第一个参数是必需的，其他参数都是可选的，各参数的含义如下。

Prompt：显示在对话框中的提示字符串，最大长度为 1 024 个字符。

Title：字符串表达式，显示在对话框标题栏中的内容，省略时使用应用程序的名称。

Default：在没有输入数据时，显示文本框中的默认值。

Xpos：对话框右侧与屏幕左侧的水平距离，默认时对话框在水平方向居中。

Ypos：对话框上侧与屏幕上边的垂直距离，默认时对话框放置在垂直方向距下边约 1/3 的位置。

函数的返回值就是用户在对话框中输入的字符型数据。

2. MsgBox 函数

输出信息可以使用消息框，消息框是一种对话框，可以用来显示警告信息或其他的提示信息，一个消息框由 4 部分组成：标题、提示信息、图标和命令按钮，图标的形状及命令按钮的个数可以由用户设置。消息框的使用是通过调用 MsgBox 函数实现的。

函数格式：MsgBox(Prompt[,Buttons][,Title])

语句格式：MsgBox Prompt[,Buttons][,Title]

除了第一个参数是必需的，其他参数都是可选的，各参数的含义如下：

Prompt：显示在对话框中的提示字符串，最大长度为 1 024 个字符。

Title：显示在对话框标题栏中的提示字符串，默认时使用应用程序的名称。

Buttons：为整型参数，该参数可以使用 3 组 vb 常量，分别设定要显示的按钮类型和数目、出现在消息框中的图标样式及默认按钮是哪一个。

这 3 组常数可以通过"+"号来组合构成统一的显示模式，即按钮+图标+默认按钮。例如，要显示"确定"和"取消"两个按钮，并显示问号图标，设第一个按钮为默认按钮，则 buttons 参数的值就是 33(1+32+0)。表 7-5、表 7-6 和表 7-7 分别列出了这些常量及代表的含义。

表 7-5 消息框中按钮的类型数目

内 部 常 量	按 钮 值	在消息框中显示的按钮
VbOkOnly	0	"确定"（默认值）
VbOkCancel	1	"确定"和"取消"
VbAbortRetryIgnore	2	"终止"、"重试"和"忽略"
VbYesNoCancel	3	"是"、"否"和"取消"
VbYesNo	4	"是"和"否"
VbRetryCancel	5	"重试"和"取消"

表 7-6 消息框中的图标

内部常量	按钮值	在消息框中显示的图标
VbCritical	16	关键信息图标红色 STOP 标志
VbQuestion	32	询问信息图标
VbExclamation	48	警告信息图标
VbInfromation	64	通知图标

表 7-7 消息框中的默认按钮

内部常量	按钮值	消息框中的默认按钮
VbDefaultButton1	0	第一个按钮是默认的(默认值)
VbDefaultButton2	256	第二个按钮是默认的
VbDefaultButton3	7512	第二个按钮是默认的

【例 7-8】 以下过程使用 InputBox 函数返回由键盘输入的用户名,并在消息框中显示一个字符串。

```
Sub Greeting()
Dim strInput As String
strInput = InputBox("请输入你的名字：","用户信息")
MsgBox "你好," & strInput, vbInformation, "问候"
End Sub
```

图 7-15 是在执行该过程时调用 InputBox 的情况,如果向文本框中输入"山东理工"然后单击"确定"按钮,则在图 7-16 中会显示调用 MsgBox 函数的情况。

图 7-15 调用 InputBox 函数　　　　　　图 7-16 调用 MsgBox 函数

例题中 MsgBox 函数是以语句形式调用的,这时没有返回值,如果作为函数形式调用,其返回值根据用户按下的按钮来确定,表 7-8 列出了 MsgBox 函数的 7 个可能返回值,以便根据返回的数值确定用户的应答。

表 7-8 MsgBox 函数的返回值

内部常量	返回值	按下的按钮
VbOk	1	确定
VbCancel	2	取消
VbAbort	3	终止
VbRetry	4	重试
VbIgnore	5	忽略
VbYes	6	是
VbNo	7	否

7.4.3 分支语句

在实际应用中，只是使用顺序结构是远远不能完成复杂问题需求的，如果要编写灵活的 VBA 程序，就要理解分支和循环的概念，分支结构使 VBA 能够根据条件判断做相关的决策，循环结构则可以提供多次运行一条或多条语句。

根据条件表达式的值来选择程序运行语句。主要有以下一些结构。

1. If-Then 语句（单分支结构）

If 语句又称为条件分支语句，它的流程控制方式是根据给定的条件进行判断，由判断的结果，即真（非零）或假（零）来决定执行给出的两种操作之一。

语句结构：

```
If <条件表达式> Then <语句>
```

或

```
If <条件表达式> Then
    <语句块>
End if
```

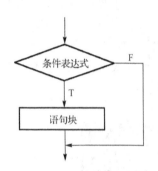

图 7-17 单分支结构流程图

执行过程：如果<条件表达式>的值为真，则执行<语句块>，否则执行 If 语句后的下一条语句。在上面的语句中，表达式可以是关系表达式、逻辑表达式或者算数表达式。表达式的最终结果如果为非零，则为真（True），否则为假（False）。语句块可以为一条或多条语句，如果采用第一种在一行上的格式，要求<语句>是一条语句或者多条语句一冒号（；）隔开且写到同一行上。单分支流程图如图 7-17 所示。

【例 7-9】 自定义过程 Procedure1 的功能是：如果当前系统时间超过 12 点，则在立即窗口显示"下午好!"。

在代码窗口输入下列自定义过程代码：

```
Sub Procedure1()
    If Hour(Time())>=12 Then Debug.Print"下午好!"
End Sub
```

将光标放在过程中，按 F5 运行程序，查看结果。

2. If-Then-Else 语句（双分支结构）

语句结构：

```
If <条件表达式> Then <语句1> Else <语句2>
```

或

```
If <条件表达式> Then
    <语句块1>
Else
    <语句块2>
End If
```

双分支流程结构图如图 7-18 所示。语句是否被执行，是根据语句前的条件表达式来确定的。表达式中可能包含有额外的 If-End If 或其他流程控制结构。If-End If 结构在另一个 If-End If 结构中出现的情况称为条件结构嵌套。VBA 中条件结构的嵌套数目和深度是有限制的。

【例 7-10】 修改过程 Procedure1，新增功能：如果当前系统时间为 12 点至 18 点，则在立即窗口显示"下午好！"，否则显示"欢迎下次光临！"。

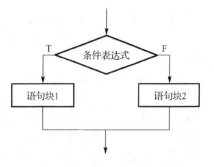

图 7-18 双分支结构流程图

在代码窗口输入下列自定义过程代码：

```
Sub Procedure2()
If Hour(Time())>= 12 And Hour(Time())<18 Then    '不含18:00点
    Debug.Print"下午好!"
Else
    Debug.Print"欢迎下次光临！"
End If
End Sub
```

3. If-Then-ElseIf 语句（多分支结构）

语句结构：

```
If <条件表达式 1> Then
    <条件表达式 1 为真时要执行的语句序列 1>
ElseIf <条件表达式 2> Then
    <如果条件表达式 1 为假，并且条件表达式 2 为真时要执行的语句序列 2>
...
[Else
    <语句序列 n>]
End If
```

多分支结构流程图如图 7-19 所示。

注意，Else 和 If 间并没有空格。

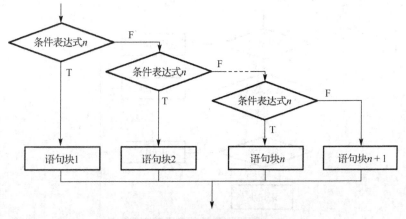

图 7-19 多分支结构流程图

【例7-11】 过程 Procedure3 功能：如果当前系统时间为 8~12 点钟之间，在立即窗口显示"上午好！"，系统时间为 12~18 点之间，则显示"下午好！"，其他时间均显示"欢迎下次光临！"。

在代码窗口输入下列自定义过程代码：

```
Sub Procedure3()
If Hour(Time())>=8 And Hour(Time())<12 Then
    Debug.Print"上午好!"
ElseIf Hour(Time())>=12 And Hour(Time())<18 Then
    Debug.Print"下午好!"
Else
    Debug.Print"欢迎下次光临!"
End If
End Sub
```

4. Select Case-End Select 语句

当条件选项较多时，使用 If-End If 控制结构可能会使程序变得很复杂，因为要使用 If-End If 控制结构就必须依靠多重嵌套，而 VBA 中条件结构的嵌套数目和深度是有限制的。使用 VBA 提供的 Select Case-End Select 语句结构就可以方便地解决这类问题。

使用格式如下：

```
Select Case 表达式
Case 表达式1
    [表达式的值与表达式1的值相等时执行的语句序列]
[Case 表达式2 To 表达式3
    [表达式的值介于表达式2的值和表达式3的值之间时执行的语句序列]
[Case Is 关系运算符 表达式4
    [表达式4的值之间满足关系运算为真时执行的语句序列]
[Case Else]
    [上面的情况均不符合时执行的语句序列]
End Select
```

Select Case 结构流程图如图 7-20 所示。

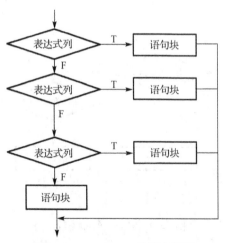

图 7-20 select Case 结构流程图

Select Case 结构运行时,首先计算"表达式"的值,它可以是字符串或者数值变量或表达式;然后会依次计算测试每个 Case 表达式的值,直到值匹配成功,程序会转入相应 Case 结构内执行语句。Case 表达式可以是下列 4 种格式之一:

(1)单一数值或一行并列的数值,用来与"表达式"的值相比较,成员间以逗号隔开。

(2)由关键字 To 分隔开的两个数值或表达式之间的范围。前一个值必须比后一个值要小,否则没有符合条件的情况。字符串的比较是从它们的第一个字符的 ASCII 码值开始比较,直到分出大小为止。

(3)关键字 Is 接关系运算符,如<>、<、<=、=、>=或>,后面再接变量或精确的值。

(4)关键字 Case Else 后的表达式,是在前面的 Case 条件都不满足时执行的。

Case 语句是依次测试的,并执行第一个符合 Case 条件的相关的程序代码,即使再有其他符合条件的分支也不会再执行。

如果没有找到符合的,且有 Case Else 语句的话,就会执行接在该语句后的程序代码。然后程序从接在 End Select 终止语句的下一行程序代码继续执行下去。

【例 7-12】 使用 Select Case-End Select 语句,完成例 7-9 的功能。

```
Sub Procedure3()
Select Case Hour(Time())
Case 8 To 11
    Debug.Print"上午好!"
Case 12 To 17
    Debug.Print"下午好!"
Case Else
    Debug.Print"欢迎下次光临!"
End Select
End Sub
```

【例 7-13】 采用 Select Case 结构对字符进行分类。

```
Select Case a$
Case "A" To "Z"                '大写字母
    str$="Upper Case"
Case "a" To "z"                '小写字母
    Str$="Lower Case"
Case "0" To "9"                '数字
    Str$="Number"
Case "!","?",",",".",";"       '分隔符
Case ""                        '空串
    Str$="Null String"
Case Is<32                     '特殊字符
    Str$="Special Character"
Case Else                      '其他字符
    Str$="Unknown Character"
End Select
```

5. 条件函数

除上述条件语句结构外,VBA 还提供 3 个函数来完成相应选择操作。

(1) IIf 函数：IIf(条件式，表达式 1，表达式 2)

该函数根据"条件式"的值来决定函数返回值。"条件式"值为"真(True)"，函数返回"表达式 1"的值；"条件式"值为"假(False)"，函数返回"表达式 2"的值。

例如：将变量 a 和 b 中值大的量存放在变量 Max 中。

```
Max = IIf(a>b,a,b)
```

(2) Switch 函数：Switch(条件式，表达式 1, [, 条件式 2，表达式 2[, 条件式 n，表达式 n]])

该函数根据"条件式 1""条件式 2"直至"条件式 n"的值来决定函数返回值。条件式是由左至右进行计算判断的，而表达式则会在第一个相关的条件式为 True 时作为函数返回值返回。如果其中有部分不成对，则会产生一个运行错误。

例如：根据变量 x 的值为变量 y 赋值。

```
y=Switch(x>0,1,x=0,0,x<0,-1)
```

上述 2 个函数由于具有选择特性而被广泛用于查询、宏及计算控件的设计中。

7.4.4 循环语句

循环是指在指定条件下多次重复执行一组语句的操作。VBA 支持以下循环语句结构：For-Next、Do-Loop 和 While-Wend。

1. For-Next 语句

For-Next 语句主要用于循环次数可以预先计算出来的场合，使用格式如下：

```
For 循环变量=初值 To 终值[Step 步长]
循环体
[条件语句序列
Exit For
结束条件语句序列]
Next[循环变量]
```

其执行步骤(a-d)如下。

① 循环变量取初值。

② 循环变量与终值比较，确定循环是否进行：

步长>0 时

若循环变量值<=终值，循环继续，执行步骤 c；若循环变量值>终值，循环结束，退出循环。

步长=0 时

若循环变量值<=终值，死循环；若循环变量值>终值，一次也不执行循环。

步长>0 时

若循环变量值>=终值，循环继续，执行步骤 c；若循环变量值<终值，循环结束，退出循环。

③ 执行循环体。

④ 循环变量值增加步长值(循环变量=循环变量+步长)，程序跳转至②。

循环变量的值如果在循环体内不被更改，则循环执行次数可以使用公式"循环次数=(终值−初值+1)/步长"计算。例如，如果初值=5，终值=10，且步长=2，则循环体的执行重复(10−5+1)/2=3 次。但如果循环变量的值在循环体内被更改，则不能使用上述公式来计算循环次数。For 语句的流程如图 7-21 所示。

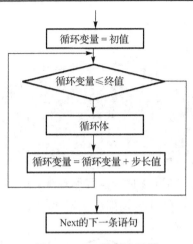

图 7-21 for 循环流程图

【例 7-14】 分析下列程序段的循环结构：

```
For K=5 to 10 Step 2
K=2*K
Next K
```

按照公式计算，循环次数为(10-5+1)/2=3 次，但这是错误的。实际上，该循环的循环次数只有 1 次(循环变量先后取值 5 和 12，循环执行一次后，循环变量值为 12，超过终值 10，循环结束)。

步长为 1 时，关键字 Step 可以省略。步长一般是整数取值，用实数也可以，但不常见。如果终值小于初值，步长要取负值；否则，For-Next 语句会被忽略，循环体一次也不执行。如果在 For-Next 循环中，步长为 0，该循环便会重复执行无数次，造成"死循环"。选择性的 Exit For 语句可以组织在循环体中的 If-Then-End If 条件语句结构中，用来提前中断并退出循环。For-Next 循环结束，则程序从 Next 的下一行语句继续执行。

在实际应用中，For-Next 循环还经常与数组配合操作数组元素。

【例 7-15】 将 A 到 Z 的大写字母赋予字符数组 str$()。

```
For I=1 To 26
str$(I)=Chr$(I+64)    '大写字母"A"的ASCII码值为65
Next I
```

【例 7-16】 在立即窗口中显示由星号(*)组成的 5×5 的正方形。

```
Sub Procedure5()
Const MAX=5
Dim Str As String
Str=""
For n=1 To MAX
Str=Str+"*"
Next n
For n=1 To MAX
Debug.Print str
Next n
End Sub
```

2. Do While-Loop 语句

使用格式如下：

```
Do While<条件式>
循环体
[条件语句序列
Exit Do
结束条件语句序列]
Loop
```

这个循环结构是在条件式结果为真时，执行循环体，并持续到条件式结果为假或执行到选择性 Exit Do 语句而退出循环，循环流程如图 7-22 所示。

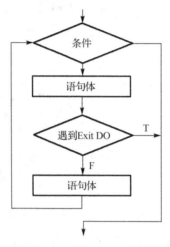

图 7-22 do while…loop 流程图

【例 7-17】 用 Do While-Loop 语句，完成例 7.13 大写英文 26 个字母向数组元素赋值的功能。代码如下：

```
I=1
Do While I<=26
Str$(I)=Chr$(I+64)
I=I+1
Loop
```

【例 7-18】 已知斐波那契序列的定义如下：

$f(0)=0, f(1)=1$

$f(n)=f(n-1)+f(n-2)$ 当 $n \geq 2$ 时

编写程序，在立即窗口中显示 n 为 2 到 10 时对应的序列值。代码如下：

```
Sub Procedure6()
n=1
f1=0
f2=1
Do While n<10
f=f1+f2
```

```
Debug.Print f
f1=f2
f2=f
n=n+1
Loop
End Sub
```

3. Do Until-Loop 语句

与 Do While-Loop 结构相对应，还有另一个 Do 循环结构，Do Until-Loop 结构。该结构是条件式值为假时，重复执行循环，直至条件式值为真，结束循环。

循环流程如图 7-23 所示。

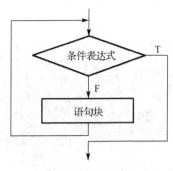

图 7-23 Do Until-Loop 结构

使用格式如下：

```
Do Until<条件式>
循环体
[条件语句序列
Exit Do
结束条件语句序列]
Loop
```

【例 7-19】 将例 7.15 用 Do Until-Loop 循环结构语句执行程序：

```
I=1
Do Until I>26        '与 While I<=26 条件不同，Until 要判断直到 I>26 结束循环
Str$(I)=Chr$(I+64)
I=I+1
Loop
```

上面两个 Do 循环的条件式均安排在结构的起始位置。实际上，条件式也可以安排在结构的末尾。

4. Do-Loop While 语句

```
Do
循环体
[条件语句序列
Exit Do
结束条件语句序列]
Loop While 条件式
```

循环流程如图 7-24 所示。

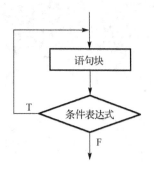

图 7-24　Do-Loop While 语句

5. Do-Loop Until 语句

```
Do
循环体
[条件语句序列
Exit Do
结束条件语句序列]
Loop Until 条件式
```

循环流程如图 7-25 所示。

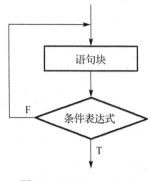

图 7-25　Do-Loop Until

这样，就有 4 种 Do 循环结构。使用时，分析方法基本相同，即根据条件式结果的真假，对循环与否做出正确判断。

6. While-Wend 语句

While-Wend 循环与 Do While-Loop 结构类似，但不能在 While-Wend 循环中使用 Exit Do 语句。White-Wend 语句格式：

```
While 条件式
循环体
Wend
```

While-Wend 结构主要是为了兼容 QBasic 和 QuickBasic 而提供的。由于 VBA 中已有 Do While-Loop 循环结构，所以尽量不要使用 While-Wend 循环。

7.5 过程调用和参数传递

本章开始已经介绍了 VBA 的子过程和函数过程两种类型模块过程及相应的创建方法。下面结合实例介绍过程的调用和过程的参数传递。

7.5.1 过程调用

1. 调用 sub 过程

Sub 过程和 Function 过程必须在事件过程或者其他过程中显式调用,否则过程代码就永远不会被执行。

在调用程序时,执行到调用某过程语句时,系统就会转移到被调用的过程中去,在被调用的过程中,从第一条语句依次向下执行,当执行到 End Sub 或 End Function 时,返回调用程序,并从调用处继续向下执行。例如在主程序中调用过程 A,系统会转到过程 A 中执行,当过程 A 执行完后,返回调用程序,并从调用处继续程序的执行。具体过程如图 7-26 所示。

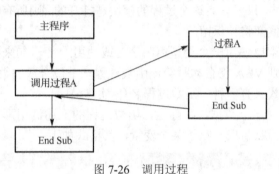

图 7-26 调用过程

2. 调用 Sub 过程的方法

(1)用 Call 语句调用 Sub 过程

语法:Call 过程名(实际参数表)

实际参数的个数、类型和顺序,应该与被调用过程的形式参数相匹配,如果有多个参数,则参数之间用逗号隔开;如果被调用的过程是一个无参数的过程,那么括号可以省略。

Access 中,打开窗体的命令是 DoCmd.OpenForm。

【例 7-20】 下面编写一个打开指定窗体的子过程 OpenForm()。代码如下:

```
Sub OpenForms (strFormName As String)
'打开窗体过程,参数 strFormName 为需要打开的窗体名称
If strFormName="" Then
MsgBox "打开窗体名称不能为空!",vbXritical,"警告"
Exit Sub            '若窗体名称为空,显示"警告"消息,结束过程运行
End If
DoCmd.OpenForm strFormName '打开指定窗体
End Sub
```

如果此时要调用该子过程打开名为"学生管理"的窗体,只需在主调用过程合适位置增添调用语句:

```
Call OpenForms("学生管理") 或 OpenForms "学生管理"
```

3. 函数过程的定义和调用

可以使用 Function 语句定义一个新函数过程、接受的参数、返回的变量类型及运行该函数过程的代码。其定义格式如下：

```
[Public|Private] [Static] Function 函数过程名([<形参>])[As 数据类型]
[<函数过程语句>]
[函数过程名=<表达式>]
[Exit Function]
[<函数过程语句>]
[函数过程名=<表达式>]
End Function
```

使用 Public 关键字，则所有模块的所有其他过程都可以调用它。用 Private 关键字可以使这个函数只适用于同一模块中的其他过程。当把一个函数过程说明为模块对象中的私有函数过程时，就不能从查询、宏或另一个模块中的函数过程调用这个函数过程。

包含 Static 关键字时，只要含有这个过程的模块是打开的，则所有在这个过程中无论是显示还是隐含说明的变量值都将被保留。

可以在函数过程名末尾使用一个类型声明字符或使用 As 子句来声明被这个函数过程返回的变量数据类型。否则 VBA 将自动赋给该函数过程一个最合适的数据类型。

函数过程的调用形式只有一种：函数过程名([<实参>])。

由于函数过程会返回一个数据，实际上，函数过程的上述调用形式主要有两种用法：一是将函数过程返回值作为赋值成分赋予某个变量，其格式如下：

```
变量=函数过程名([<实参>])
```

二是将函数过程返回值作为某个过程的实参成分使用。

【例 7-21】 求两个正整数的最大公约数。

```
Private Sub 主体_Click()
Dim n As Integer, m As Integer, g As Integer
n = InputBox("输入N")
m = InputBox("输入M")
g = Gcd(n, m)
Debug.Print g
End Sub
Private Function Gcd(ByVal a As Integer, ByVal b As Integer) As Integer
Dim r As Integer
r = a Mod b
Do While r <> 0
a = b: b = r: r = a Mod b
Loop
Gcd = b
End Function
```

需要特别指出的是，函数过程可以被查询、宏等调用使用，因此在一些计算控件的设计中特别有用。

7.5.2 参数传递

(1) 形参和实参

在调用一个有参数的过程时，调用程序和被调用程序之间首先进行形实结合，出现在 Sub 过程和 Function 过程的形参列表中的变量名、数组名为形式参数，过程或函数没有被调用之前，系统没有给分配内存，它的作用是接收调用程序传递过来的数据。实际参数指包含在过程调用的实参表中的变量、数组等，其作用是将它们的数据传送给 Sub 或者 Function 中的形参变量。

(2) 参数传递

含参数的过程被调用时，主调过程中的调用式必须提供相应的实参(实际参数简称)，并通过实参向形参传递的方式完成过程操作。参数的传递有两种方式：按值传递和按地址传递。形参前面加"ByVal"关键字的是按值传递，默认或加"ByRef"关键字的为按地址传递。

关于实参向形参的数据传递，还需了解以下内容：

① 实参可以是常量、变量或表达式。
② 实参数目和类型应该与形参数目和类型相匹配。
③ 形参表和实参表中的对应变量名可以不必相同。

(3) 值传递

过程定义时，如果形式参数被说明为传值(ByVal 项)，则过程调用只是相应位置实参的值"单向"传送给形参处理，而被调用过程内部对形参的任何操作引起的形参值的变化均不会反馈、影响实参的值。由于这个过程，数据的传递只有单向性，故称为"传值调用"的"单向"作用形式。

【例 7-22】 分析下面的程序，写出运行结果。

```
Private Sub Command0_Click()
Dim a As Integer, b As Integer
a = 2
b = 3
Call swap(a, b)
Debug.Print "a=", a
Debug.Print "b=", b
End Sub
Private Sub swap(ByVal x As Integer, ByVal y As Integer)
x = x + 20
y = y + 30
Debug.Print "x=", x
Debug.Print "y=", y
End Sub
```

当程序运行时，a 的值为 2，b 的值为 3，调用过程 swap，把 a 的值给 x，b 的值给 y，在过程 swap 中，x 的值变成 22，y 的值为 33，此时输出 x 和 y 的值分别为 22 和 33，当返回主程序时，由于采用按值传递方式，形参的任何变化都不会影响到实参，因此 a 和 b 的值都不会改变，依然保持原值。

(4) 地址传递

按地址传递参数(ByRef 项)是把实参变量的地址给形参，即系统并不分配临时的变量单元给形参，而是形参与实参公用一个存储单元，因此，在调用过程中，形参和实参实际上是一样的，形参的任何一个变化，实参也会跟着变化。在这个过程中，数据的传递具有双向性，故称为"传址调用"的"双向"作用形式。按地址传递节省内存空间，执行效率相对较高。

【例7-23】 分析下面的程序，写出运行结果。

```
Private Sub Command0_Click()
Dim a As Integer, b As Integer
a = 2
b = 3
Call swap(a, b)
Debug.Print "a=", a
Debug.Print "b=", b
End Sub
Private Sub swap(ByRef x As Integer, ByVal y As Integer)
x = x + 20
y = y + 30
Debug.Print "x=", x
Debug.Print "y=", y
End Sub
```

程序运行时，将实参数据 a 和 b 的值传递给 x 和 y，此时 $x=2$，$y=3$，执行完 swap 后，$x=22$，$y=33$，由于 a 采用按地址传递，形参的改变也会相应地影响实参的改变，因为返回后 a 的值为 22，b 采用按值传递，保持原值不变。

7.6 VBA 程序的调试：设置断点

Access 的 VBA 编程环境提供了完整的一套调试工具和调试方法。熟练掌握这些调试工具和调试方法的使用，可以快速、准确地找到问题所在，不断修改，加以完善。

所谓"断点"就是在过程的某个特定语句上设置一个位置点以中断程序的执行。"断点"的设置和使用贯穿在程序调试运行的整个过程。

"断点"的设置和取消有 4 种方法：

(1) 选择语句行，单击"调试"工具栏中的"切换断点"可以设置和取消"断点"。
(2) 选择语句行，单击"调试"菜单中的"切换断点"项可以设置和取消"断点"。
(3) 选择语句行，按下键盘"F9"键可以设置和取消"断点"。
(4) 选择语句行，鼠标光标移至行首单击可以设置和取消"断点"。

在 VBA 环境里，设置好的"断点"行以"酱色"亮红显示，如图 7-27 所示。

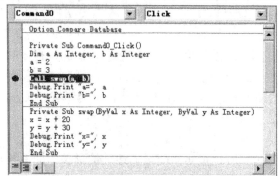

图 7-27 断点设置

7.7 VBA 数据库编程

7.7.1 数据库引擎及其接口

VBA 通过 Microsoft Jet 数据库引擎工具来支持对数据库的访问。所谓数据库引擎实际上是一组动态链接库(DLL)，当程序运行时被链接到 VBA 程序而实现对数据库的数据访问功能。数据库引擎是应用程序与物理数据之间的桥梁，它以一种通用接口的方式，使各种类型的物理数据库对用户而言都具有统一的形式和相同的数据访问与处理方法。

在 VBA 中主要提供了 3 种数据库访问接口：开放数据库互连应用编程接口(Open Database Connectivity，ODBC API)、数据访问对象(Data Access Objects，DAO)、ActiveX 数据对象(ActiveX Data Objects，ADO)。

7.7.2 VBA 访问的数据库类型

VBA 通过数据库引擎可以访问的数据库有以下 3 种类型。
(1) JET 数据库(本地数据库)：即 Access 数据库。
(2) 外部数据库：指所有的索引顺序访问方法(ISAM)数据库。
(3) ODBC 数据库：凡是遵循 ODBC 标准的客户机/服务器(C/S)数据库。

7.7.3 数据访问对象(DAO)

数据访问对象(DAO)是 VBA 提供的一种数据访问接口，包括数据库创建、表和查询的定义等工具，借助 VBA 代码可以灵活地控制数据访问的各种操作。

需要指出的是，要想在 Access 模块设计时使用 DAO 的各个访问对象，首先应该确认系统安装有 ACE 引擎并增加一个对 DAO 库的引用，具体步骤：进入 VBA 编程环境，单击菜单命令【工具】/【引用】，在【引用】对话框中选择"Microsoft Office 14.0 Access Database Engine Object Library"，单击"确定"按钮即可。

1. 基于 Jet 引擎的 DAO 对象模型

DBEngine 是一个基本对象，它包含了两个重要的集合(Collection)，一个是 Errors 集合，另一个是 Workspaces 集合。对 DAO 的操作总会产生一些错误，每产生一个错误，DAO 就生成一个 Error 对象，这些 Error 对象都放在 Errors 集合中，可以用 Errors.Count 来计算错误的个数。事实上，对于每一个集合，都可以用 Collection.Count 来求出该集合中对象的个数。

每一个应用程序只能有一个 DBEngine 对象，但可以有多个 Workspace 对象，这些 Workspace 对象都包含在 Workspace 集合中。每个 Workspace 对象都包含了一个 Database 对象，对应了一个数据库，它里面包含了许多用于操作数据库的对象。这些对象中，有些是 Jet 数据库专用的，如 Container、TableDef 和 Relation 对象，有些则是对所有数据库都有用的，如 Recordset 对象和 QueryDef 对象。

下面对对象模型中的主要对象进行详细的说明。
(1).DBEngine 对象

DBEngine 对象处于 DAO 模型的最顶部，所以可以不用创建，只要将 DAO 引用到工程项目中,则 DBEngine 对象就自动创建。通常,可以用 DBEngine 对象的属性来设置数据库访问的安全性,即设置访问数据库默认用户名和默认口令,如

```
Dim DbEn AS DAO.DBEngine
set DbEn=New DAO.DBEngine
DbEn.DefaultUser="RtLinux"
DbEn.DefaultPassword="aaa"
```

(2). Error 对象

Error 对象是 DBEngine 对象的一个子对象。在发生数据库操作错误时,可以用标准的 VB 的 Err 对象来进行错误处理,也可以把错误信息保存在 DAO 的 Error 对象中。Error 对象包含以下属性:

(1) Description 属性。这个属性包含了错误警告信息文本,如果没有进行错误处理,这个文本将出现在屏幕上。

(2) Number 属性。这个属性包含了产生错误的错误号。

(3) Source 属性。这个属性包含了产生错误的对象名。

(4) HelpFile 属性和 HelpContext 属性。这两个属性设置有关该错误的 Windows 帮助文件和帮助主题。

3. Workspace 对象

一个 Workspace 对象定义一个数据库会话(Session)。会话描述出由 Microsoft Jet 完成的一系列功能,所有在会话期间的操作形成了一个事务范围,并服从于由用户名和密码决定的权限。所有的 Workspace 对象组合在一起形成了一个 Workspace 集合。可以用 DBEngine 对象的 CreateWorkspace 方法来创建一个新的工作区,只需把工作区的名称和用户信息传递给这个方法,如

```
Dim ws0, ws1 as DAO.Workspace
Set ws0=Workspaces(0)
Set ws1=CreateWorkspace("Customers","Admin","pwd",dbUsejet)
Workspaces.Append(ws1)
```

注意:

当创建了一个新的 Workspace 对象时,它并不会自动添加到 Workspace 集合中,必须用 Append 方法把 Workspace 对象添加到 Workspace 集合中。

在简单的实际应用中,如果只用到单个数据库对象,可以不创建 Workspace 对象而直接创建数据库对象,这实际上是在默认的工作区 Workspace(0) 上操作。

(4). Database 对象

一旦用 CreateDatabase 创建了一个数据库或用 OpenDatabase 打开了一个数据库,就生成了一个 Database 对象。所有的 Database 对象都自动添加到 Database 集合中。下面这段代码就是使用 Database 集合列出了所有数据库的路径名:

```
db=ws.OpenDatabase(txtMDBFile.text)
```

Database 对象有 5 个子集合,分别是 Recordsets 集合、QueryDefs 集合、TableDefs 集合、Relation 集合和 Containers 集合,这些集合分别是 Recordset 对象、QueryDef 对象、TableDef 对象、Relation 对象和 Container 对象的集合。Database 对象提供一些方法来操纵数据库和创建这些对象。

(5).Recordset 对象

Recordset 对象是使用最频繁的一个对象，它代表了数据库中一个表或一个查询结果的记录等。例如，下面的语句在数据库的第一表中添加一条记录：

```
For Each tempdb In Workspace(0).Databases
Debug.Write("databases(x).Name=",temdb.Name)
Next
```

还可以在 Recordset 中任意移动当前记录的位置，使用的是 Recordset 对象 MoveNext、MovePrevious、MoveFirst 和 MoveLast 方法。

(6).QueryDef 对象

QueryDef 对象用来定义一个查询。它有两个对象：一个是 Field 对象，另一个是 Parameter 对象。用 Database 对象的 CreateQueryDef 方法来创建一个 QueryDef 对象。用户可以在 Jet 对象模型中这样使用 QueryDef 对象：

(7)error 对象：表示数据提供程序出错时的扩展信息。

DAO 的模型结构如图 7-28 所示，

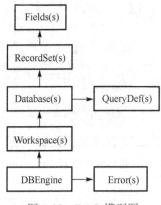

图 7-28 DAO 模型图

从上图中可以看出，DBEngine 处于最顶层，表示数据库引擎，是模型中唯一一个不被其他对象包含的对象，它包含并控制 DAO 模型中其他全部对象。用 DAO 访问数据库时，先设置对象变量，然后通过对象变量调用访问对象的方法设置访问对象的属性，从而实现对数据库的各种访问。定义 DAO 对象要在对象前面加上前缀"DAO"，访问步骤如下。

```
Dim ws As DAO.Workspace
Dim db As DAO.Database
Dim rs AS DAO.Recordset
Dim fd AS DAO.Field
Set ws=ws.OpenDatabase(数据库的地址与文件名)        '打开数据库
Set rs=db.OpenRecordset(表名、查询名或 SQL 语句)
Do While not rs.EOF                              '循环遍历整个记录值，直至记录集的末尾
  ……
Rs.movenext                                       '指针指向下一条记录
Loop
Rs.close
Db.close
```

```
        Set rs=nothing                          '释放记录集对象变量所占内存空间
        Set db=nothing                          '释放数据库对象变量所占内存空间
```

说明：如果是本地数据库，可以省略定义 Workspace 对象变量，打开工作区和打开数据库的两条语句可以用下面一条语句代替：

```
        Set db=CurrentDb()
```

该语句是 Access 的 VBA 给 DAO 提供的数据库打开快捷方式。

【**例 7-24**】 创建一个如图 7-29 所示的窗体。要求单击窗体中的命令按钮后，将"教师"中"基本工资"字段的值增加 5%。

(1) 窗体中最上方是一个标签，标签的标题为"基本工资增加 5%"；
(2) 两个文本框名称分别为 text0 和 text2，附加标签的标题分别为"姓名"和"基本工资"；
(3) 窗体下方为一命令按钮，单击命令按钮时显示第一条记录的修改后数据。

图 7-29 例题窗体

窗体的通用区域代码：

```
        Public ws As Workspace
        Public db As Database
        Public rs As Recordset
        Public fd As Field
```

窗体的 Load 事件代码：

```
        Set ws = DBEngine.Workspaces( 0 )
        Set db = ws.OpenDatabase("教学管理")
        Set rs = db.OpenRecordset("教师")
        Set fd = rs.Fields("基本工资")
```

命令按钮 Command2 的 Click 事件代码：

```
        Set ws = DBEngine.Workspaces(0)
        Set db = ws.OpenDatabase("教务管理")
        Set rs = db.OpenRecordset("教师")
        Set fd = rs.Fields("基本工资")
        Do While Not rs.EOF
        rs.Edit
```

```
        基本工资 = 基本工资 * 1.05
        rs.Update
        rs.MoveNext
    Loop
    rs.MoveFirst
    Text0 = rs.Fields("教师姓名")
    Text2 = rs.Fields("基本工资")
    rs.Close
    db.Close
    Set rs = Nothing
    Set db = Nothing
End Sub
```

转到窗体视图,单击命令按钮,可以看到,text2 文本框中显示第一条记录更新后的值,如图 7-30 所示。

图 7-30　结果显示

第8章 客户资料管理系统

由于企业的不断发展，客户量也会不断增加，如果仍然在 Excel 电子表格处理客户信息，不仅容易出错，而且管理客户资料也显得比较烦琐，于是基于 Access 的客户资料管理系统数据库应运而生。在该系统中，所有的操作都是基于窗体的，数据直观，操作简便，在一定程度上大大提高了工作效率。本数据库的功能主要有三个：一是管理客户的基本资料，二是对客户资料进行查询，三是将客户资料导出。

8.1 系 统 分 析

对客户资料管理系统数据库的需求分析主要从功能模块、流程图和包含的表三方面进行。

8.1.1 功能模块的分析

"客户资料管理系统"数据库的功能主要包括三大模块：一是管理员登录模块，该模块的功能是对操作数据库的用户进行身份验证，只有具有权限的用户才能操作该数据库系统，这样才能保证数据库系统的安全性；二是客户资料管理模块，该模块的功能是对客户资料进行添加、修改和删除操作；三是客户资料查询模块，该模块的功能是对客户资料进行查看、导出和打印操作。具体的功能模块如图 8-1 所示。

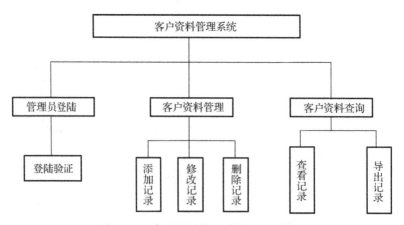

图 8-1 "客户资料管理系统"功能模块

8.1.2 流程图的分析

根据对"客户资料管理系统"数据库系统功能模块的分析，可以设计出该数据库系统的流程图，如图 8-2 所示。

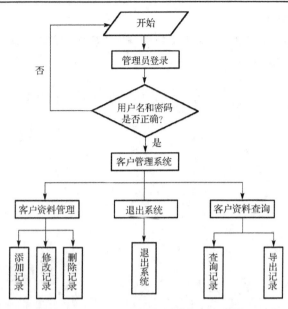

图 8-2 "客户资料管理系统"流程图

8.1.3 表的分析

对于"客户资料管理系统"数据库系统而言,其结构比较简单,因此只需要一张"客户资料表"和一张"用户表"。其中,"客户资料表"的主要功能是保存所有客户的信息,它以"客户 ID"为主键;"用户表"的功能是存储管理员登录的用户名和密码信息,它以"用户 ID"为主键。两表中的字段信息如表 8-1 所示。

表 8-1 "客户资料表"字段

字段名称	字段类型	字段大小	允许为空	备 注
客户 ID	文本	10	否	主键
公司名称	文本	50	否	
公司地址	文本	50	否	
客户姓名	文本	20	否	
客户职务	文本	20	否	
国家	文本	20	否	默认为中国
地区	文本	50	否	
城市	文本	50	否	
邮编	文本	10	否	
电话	文本	24	是	
传真	文本	24	是	
备注	文本		是	

"用户表"字段

字段名称	字段类型	字段大小	允许为空	备 注
用户 ID	文本	10	否	主键
用户名	文本	10	否	
密码	文本	10	否	

一. 创建空白数据库

1. 启动 Access，选择新建命令，在"空白数据库"窗格中单击，输入数据库的名称为"客户资料管理系统"，如图 8-3 所示。

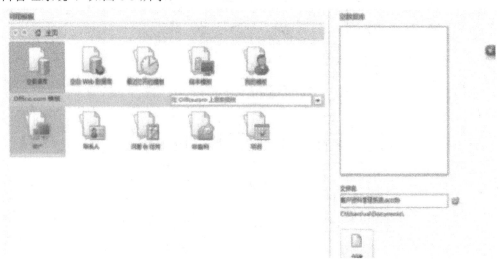

图 8-3 新建"客户资料管理系统"

2. 单击"创建"按钮即可得到空数据库，如图 8-4 所示。

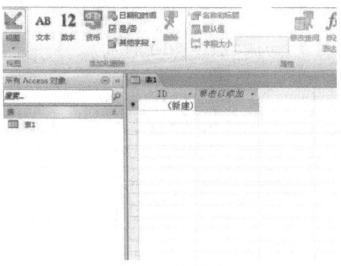

图 8-4 得到空数据库

8.2 系统设计

8.2.1 创建表

1. 选择"设计视图"命令。在"视图"组中单击，在弹出的下拉菜单中选择"视图设计命令"。在打开的"另存为"对话框中将表名称输入为"用户表"，如图 8-5 所示。

第 8 章 客户资料管理系统

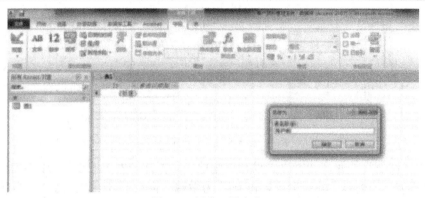

图 8-5 创建"用户表"

2．设计"用户表"。在打开的"用户表"的设计视图中输入上边"用户表"的文字，如图 8-6 所示。

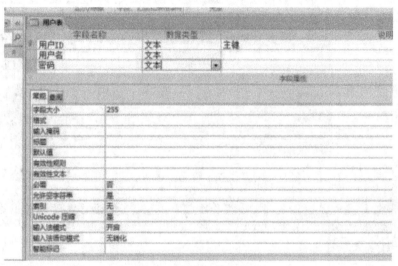

图 8-6 设计"用户表"

3．切换视图。保存刚才设计的表，选择"表工具/设计"选项卡中"视图"组的"视图"将该表切换到表视图，如图 8-7 所示。

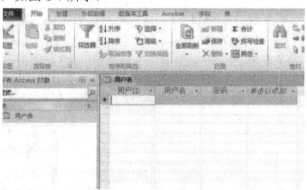

图 8-7 切换视图

4．在"用户表"中添加一条记录，该记录的"用户 ID"为"1001"，用户名为"guanliyuan"，密码为"123456"，如图 8-8 所示，然后保存。

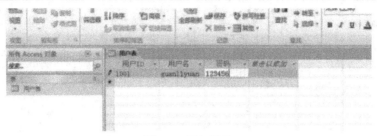

图 8-8　添加记录

5．单击"创建"按钮，选择"表设计"选项，在打开的表 1 的设计视图中输入前面所设计"客户资料表"的内容，并设置"客户 ID"为主键，将表 1 以"客户资料"为名进行保存，并切换到表视图，如图 8-9 所示。

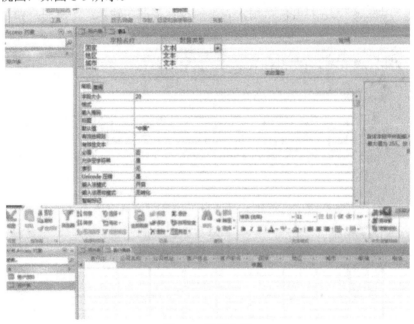

图 8-9　设置主键

8.2.2　创建窗体

客户资料管理系统主要有 3 个模块。

1．单击"创建"按钮，在窗体组中单击"空白窗体"，将"用户表"的"字段列表"窗体格中的"用户名"和"密码项"字段添加到空白窗体中，如图 8-10 所示。

图 8-10　添加字段

2．将窗体以"管理员登陆"为名保存，切换到设计视图，如图8-11所示。

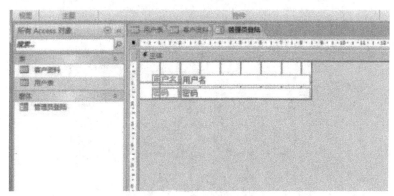

图 8-11　保存窗体名

3．在窗体设计工具栏控件组中单击"标题"为窗体添加标题，如图8-12所示。

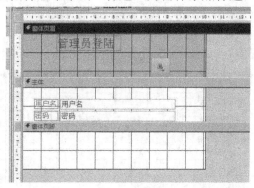

图 8-12　添加标题

4．添加命令按钮。在设计控件组中选择"按钮"，在窗体的主体区域创建一个"提交"按钮，如图8-13所示。

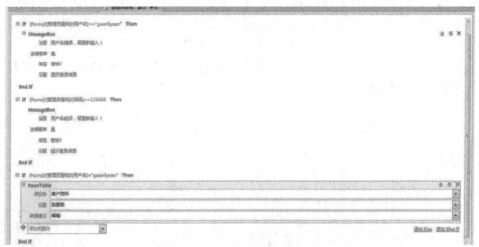

图 8-13　创建按钮

5．返回窗体视图，设置页眉页脚的背景色，将"密码"文本框的输入掩码设为"密码"，如图8-14所示。

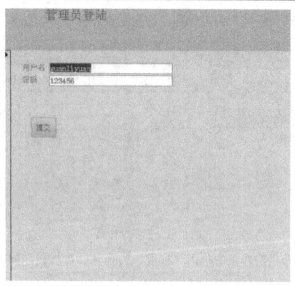

图 8-14 设置输入掩码

6. 创建"客户资料窗体",如图 8-15 所示。

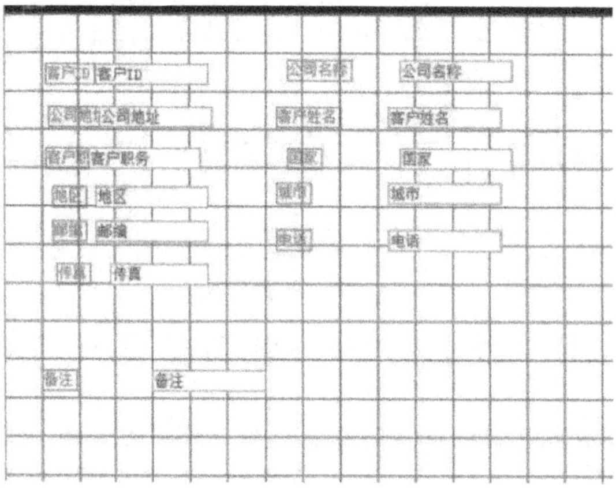

图 8-15 创建"客户资料窗体"

7. 分别添加命令按钮"添加记录""保存记录""删除记录""将窗体以客户资料管理"并保存,最后的结果如图 8-16 所示。

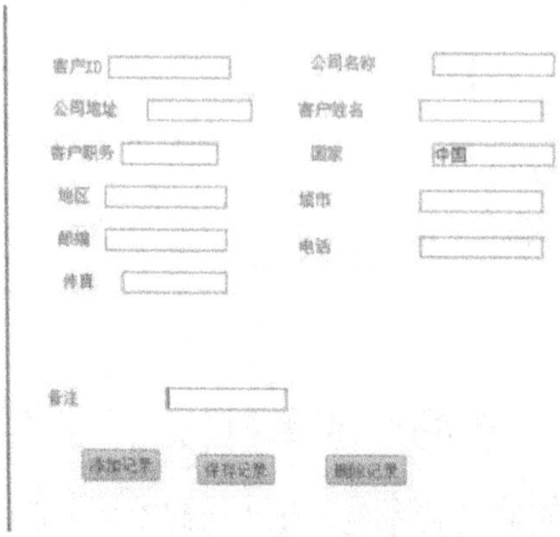

图 8-16 命令按钮添加结果

8. 创建客户资料查询窗体，最后的效果如图 8-17 所示。

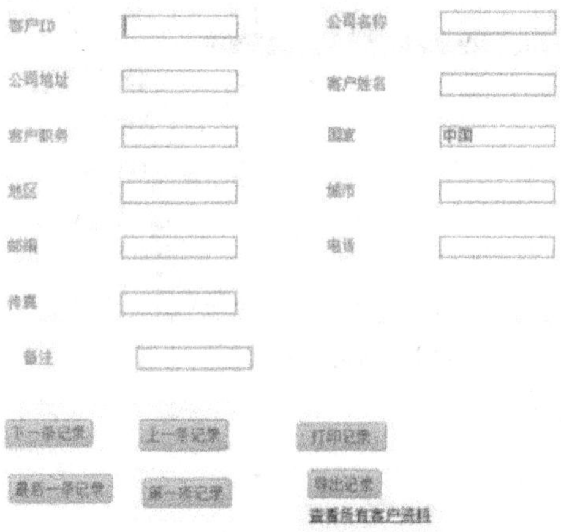

图 8-17 客户资料查询窗体效果

9. 创建导出数据窗体，分别是窗体导出到 Excel 格式、导出到 Word 格式、导出到 Txt 格式、导出到 HTML 格式，如图 8-18 所示。

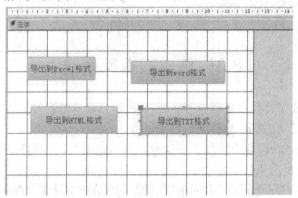

图 8-18 创建导出数据窗体

代码如下所示，连接到的是事件过程。

```
 Private Sub Command1_Click()
DoCmd.OutputTo acOutputForm, "导出数据", acFormatRTF, , True
 End Sub
 Private Sub Command2_Click()
DoCmd.OutputTo acOutputForm, "导出数据", acFormatHTML, , True
 End Sub
 Private Sub Command3_Click()
DoCmd.OutputTo acOutputForm, "导出数据", acFormatTXT, , True
 End Sub
 Private Sub 导出到Excel格式_Click()
DoCmd.OutputTo acOutputForm, "导出数据", acFormatXLS, , True
 End Sub
```

10. 创建切换面板，如图 8-19 所示。
11. 修改条件宏，将它与切换面板联系起来，如图 8-20 所示。

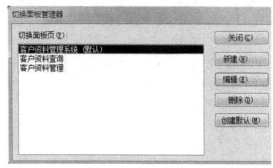

图 8-19　创建切换面板

图 8-20　修改条件宏

8.3　集成数据库系统

现在已经基本完成了"客户资料管理系统",我们只要将"管理员登陆"设置为启动选项,并将数据库系统生成为 ACCDE 文件就可以了。

1. 在打开的 Access 选项中选择"当前数据库"选项卡,应用程序的标题保存为"客户资料管理系统",启动页面为"用户登陆",如图 8-21 所示。

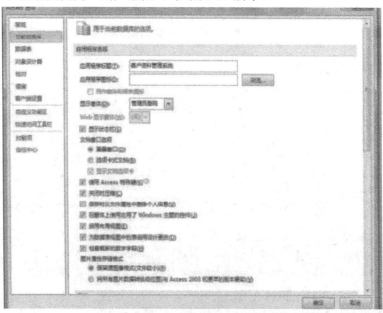

图 8-21　设置启动页面

2. 备份数据库，完成最后的程序，如图 8-22 所示。

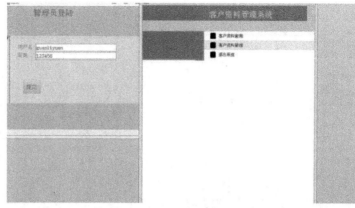

图 8-22　备份数据库